舗装の構造に関する技術基準・同解説

平成13年7月

公益社団法人　日本道路協会

序

　道路は，国民の生活と社会を支える最も身近な社会資本であり，道路利用者の安全かつ円滑な交通を確保するとともに，都市の骨格を形成する社会空間としての役割も果たしている。近年では，沿道環境だけでなく地球環境にも配慮したより良い環境創出のための質の高い道路構造とすることが求められている。中でも舗装は，道路における歩行者や自動車へのサービス提供の場として特に重要であり，安全性，耐久性等の性能のほかに，環境への負荷の少ない構造であることが求められている。

　日本道路協会は，わが国における道路行政，交通工学，舗装，橋梁等の道路整備，保全技術等に関する調査研究活動を行っており，時代の変遷と社会の要請に対応したこれらの活動の成果は，道路整備の進展と社会・生活基盤の構築に大きな役割を果たしている。この活動の一環として，当協会の舗装委員会は，舗装に関する要綱，技術指針，便覧等を刊行してきた。これらの技術図書類は，舗装事業の拡大および舗装技術の進展に合わせて改訂を重ねながら，いずれもそれぞれの時代の指導書としての役割を果たしてきた。

　このたび，車道を中心として道路全体の構造を定める現在の考え方を改め，歩行者，自転車，路面電車等の公共交通機関，緑および自動車のための空間をそれぞれ独立に位置付けるとともに，これらが互いに調和した道路空間となるよう道路構造の再構築・見直しを図るという方針の基に道路構造令が改正された。舗装についても，環境負荷の少ない舗装の導入と舗装構造の性能規定化を図ることとされ，車道及び側帯の舗装の構造の基準に関する国土交通省令が制定された。さらに，これらの政省令をより具体化した舗装の構造に関する技術基準が国土交通省より全国の道路管理者に通知された。

　本書は，同基準の解説書として，舗装委員会においてとりまとめられたものである。本書が道路技術者等により十分活用され，一層効果的かつ効率的な道路政策の展開を通して，活力とゆとり・うるおいのある国土・地域づくりや安全で快適な生活空間の創造に資することを期待するものである。

平成13年7月

　　　　　　　　　　　　　　社団法人 日本道路協会会長　鈴　木　道　雄

まえがき

　従来,車道及び側帯の舗装は,原則として,自動車の輪荷重の繰り返しの載荷による疲労破壊に対する耐久性,わだち掘れに対する抵抗力,舗装路面の平たん性等の性能を満たすセメント・コンクリート舗装又はアスファルト・コンクリート舗装に限定されていた。

　今般,「基準の内容が技術革新に対して柔軟に対応できるよう,仕様規定となっている基準については原則としてこれをすべて性能規定化するよう検討を行う(規制緩和推進3か年計画 平成13年3月30日閣議決定)」とする政府全体の方針を受け,材質の名称(仕様)を挙げることで舗装構造を限定的に規定している現行規定を性能規定化し,「自動車の輪荷重(49キロニュートン)」に耐えうることを基本的な性能として,さらに「自動車の安全かつ円滑な交通を確保することができる構造」の舗装とすることとして,道路構造令が改正されるとともに,車道及び側帯の舗装の構造の基準に関する省令が制定された。

　これらの政省令の施行にあわせ,舗装の設計及び施工に必要な技術基準として舗装の構造に関する技術基準が定められた。同基準は,一層効果的かつ効率的な道路政策の展開のために,性能規定スタイルを導入するとともに,ライフサイクルコストの考え方を導入している。本書は,道路整備に携わる者の同基準に対する理解を助けるための解説書としてとりまとめたものである。

　最後に,当委員会は,舗装に関連する技術体系を見直し,舗装技術が将来にわたって継承され,発展していく環境の整備を進めている。舗装技術に関連する技術的課題と行政的課題を検討するために当委員会内に平成9年度から平成12年度にかけて設置された基本問題小委員会での成果から同基準に盛り込まれたものも少なくない。本書のとりまとめを含め,当委員会での検討に携わられた多くの方々のご熱意とご協力に敬意と謝意を表すものである。

平成13年7月

舗装委員会　委員長　矢　野　善　章

舗装委員会

委員長　矢野善章

委　員	阿　部　忠　行	阿　部　頼　政
	安　藤　　　淳	稲　垣　竜　興
	井　上　武　美	上　野　進一郎
	小　木　芳　國	奥　平　真　誠
	菊　川　　　滋	古　財　武　久
	小　島　逸　平	小　林　耕　平
	坂　田　耕　一	坂　本　浩　行
	鈴　木　克　宗	高　津　和　義
	中　村　俊　行	南　部　隆　秋
	橋　本　修　治	林　田　紀久男
	羽　山　高　義	原　　　富　男
	松　本　孝　之	丸　山　暉　彦
	宮　地　昭　夫	森　永　教　夫
	柳　橋　則　夫	山　田　　　優
	吉　兼　秀　典	吉　田　　　武
	渡　辺　茂　樹	

目　次

○舗装の構造に関する技術基準

舗装の構造に関する技術基準について	3
舗装の構造に関する技術基準	4
第1章　総　　　則	4
第2章　設　　　計	6
第3章　施　　　工	10
第4章　性能の確認	11
別表1	14
別表2	18

○関連法令

道路構造令(抄)	23
車道及び側帯の舗装の構造の基準に関する省令	24

○舗装の構造に関する技術基準・同解説

第1章　総　　　則	31
1—1　基準の目的	31
1—2　舗装の構造の原則	33
1—3　用語の定義	36
第2章　設　　　計	45
2—1　舗装の設計期間	45
2—2　舗装計画交通量	47

2—3　舗装の性能指標の設定 …………………………………………………51
2—4　舗装の性能指標 …………………………………………………………54
　　1．車道及び側帯の舗装の必須の性能指標 …………………………54
　　2．雨水を道路の路面下に円滑に浸透させることができる
　　　 構造の舗装の性能指標 ……………………………………………54
　　3．必要に応じ定める舗装の性能指標 ………………………………55
2—5　舗装の性能指標の基準値 ………………………………………………55
　　1．車道及び側帯の舗装の必須の性能指標 …………………………55
　　　（1）疲労破壊輪数 ………………………………………………55
　　　（2）塑性変形輪数 ………………………………………………58
　　　（3）平たん性 ……………………………………………………60
　　2．浸透水量 ……………………………………………………………61

第3章　施　　　工…………………………………………………………………65
3—1　施工方法 …………………………………………………………………65
3—2　舗装の施工 ………………………………………………………………65
3—3　周辺施設の施工 …………………………………………………………67
3—4　施工の記録 ………………………………………………………………68

第4章　性能の確認………………………………………………………………71
4—1　舗装の性能指標の確認 …………………………………………………71
4—2　舗装の性能指標の測定方法 ……………………………………………71
　　1．車道及び側帯の舗装の必須の性能指標 …………………………71
　　　（1）疲労破壊輪数 ………………………………………………71
　　　（2）塑性変形輪数 ………………………………………………74
　　　（3）平たん性 ……………………………………………………76
　　2．浸透水量 ……………………………………………………………77
4—3　新しい測定方法の認定 …………………………………………………79
別表1 ………………………………………………………………………………80
別表2 ………………………………………………………………………………86

基準

○　舗装の構造に関する技術基準

○ 舗装の構造に関する技術基準

国都街第 48 号
国道企第 55 号
平成 13 年 6 月 29 日

北海道開発局長
沖縄総合事務局長
各地方整備局長
日本道路公団総裁
首都高速道路公団理事長　殿
阪神高速道路公団理事長
本州四国連絡橋公団総裁
各都道府県知事
各政令指定市長

　　　　　　　　　　　　　　　　　　国土交通省都市・地域整備局長

　　　　　　　　　　　　　　　　　　国土交通省道路局長

　　　　　　　　舗装の構造に関する技術基準について

　道路構造令の一部を改正する政令（平成 13 年政令第 170 号）並びに車道及び側帯の舗装の構造の基準に関する省令（平成 13 年国土交通省令第 103 号）の施行に伴い、舗装の設計及び施工に必要な技術基準として、今般、別添のとおり「舗装の構造に関する技術基準」を定めたので、今後、国土交通大臣、日本道路公団、首都高速道路公団、阪神高速道路公団及び本州四国連絡橋公団が管理する道路（以下「一般国道等」という。）の新設又は改築を行う場合には、これによられたい。また、一般国道等の大規模な修繕を行う場合にあっても、本基準によるよう配慮されたい。
　なお、法定受託事務である道路法（昭和 27 年法律第 180 号）第 97 条第 1 項各号に掲げる指定区間外の国道等に係る事務については、本通知を処理基準とする。

　（以下、都道府県知事及び政令指定市長あて）
　また、都道府県道及び市町村道においても、本基準によるよう十分な配慮を願いたい。

　（以下、都道府県知事あて）
　なお、貴管内道路管理者に対しても、この旨周知徹底方お取り計らい願いたい。

<別添>

舗装の構造に関する技術基準

第1章　総　　則
第2章　設　　計
第3章　施　　工
第4章　性能の確認
別表1　疲労破壊輪数の基準に適合するアスファルト・コンクリート舗装
別表2　疲労破壊輪数の基準に適合するセメント・コンクリート舗装

第1章　総　　則

1―1　基準の目的

本基準は，舗装の構造に関する一般的技術的基準を定めるものとする。

1―2　舗装の構造の原則

（1）舗装は，道路の存する地域の地質，気象その他の状況及び当該道路の交通状況を考慮し，通常の衝撃に対して安全であるとともに，安全かつ円滑な交通を確保することができる構造とするものとする。

（2）舗装の構造の決定に当たっては，道路の存する地域の状況，沿道の土地利用の状況及び自動車交通の状況を勘案して，当該舗装の構造に起因する環境への負荷を軽減するよう努めるものとする。また，舗装発生材及び他産業再生資材の使用等リサイクルの推進に努めるものとする。

(3) 車道及び側帯の舗装は，自動車の安全かつ円滑な交通を確保するため，道路の存する地域の状況，自動車交通の状況を勘案して必要がある場合においては，雨水を道路の路面下に円滑に浸透させることができる構造とするものとする。
(4) 積雪寒冷地域に存する道路の車道及び側帯の舗装の施工に当たっては，路床の状態を勘案して必要がある場合においては，路床土の凍結融解による舗装の破損を防止する対策を行うものとする。

1—3 用語の定義

本基準において用語の意義は，道路法（昭和27年法律第180号）及び道路構造令（昭和45年政令第320号）によるほか，以下による。
(1) 疲労破壊輪数　舗装道において，舗装路面に49キロニュートンの輪荷重を繰り返し加えた場合に，舗装にひび割れが生じるまでに要する回数で，舗装を構成する層の数並びに各層の厚さ及び材質（以下「舗装構成」という。）が同一である区間ごとに定められるものをいう。
(2) 塑性変形輪数　舗装道において，舗装の表層の温度を60度とし，舗装路面に49キロニュートンの輪荷重を繰り返し加えた場合に，当該舗装路面が下方に1ミリメートル変位するまでに要する回数で，舗装の表層の厚さ及び材質が同一である区間ごとに定められるものをいう。
(3) 平たん性　舗装道の車道（2以上の車線を有する道路にあっては，各車線。以下(3)において同じ。）において，車道の中心線から1メートル離れた地点を結ぶ，中心線に平行する2本の線のいずれか一方の線（道路構造令第31条の2の規定に基づき凸部が設置された路面上の区間に係るものを除く。）上に延長1.5メートルにつき1箇所以上の割合で選定された任意の地点について，舗装路面と想定平たん舗装路面（路面を平たんとなるよう補正した場合に想定される舗装路面をいう。）との高低差を測定することにより得られる，当該高低差のその平均値に対する標準偏差で，舗装の表層の厚さ及び材質が同一である区間ごとに定められるものをいう。
(4) 浸透水量　舗装道において，直径15センチメートルの円形の舗装路面の

路面下に15秒間に浸透する水の量で，舗装の表層の厚さ及び材質が同一である区間ごとに定められるものをいう。
（5） 舗装計画交通量　舗装の設計の基礎とするために，道路の計画交通量及び2以上の車線を有する道路にあっては各車線の大型の自動車の交通の分布状況を勘案して定める大型の自動車の1車線あたりの日交通量をいう。
（6） 舗装の設計期間　自動車の輪荷重を繰り返し受けることによる舗装のひび割れが生じるまでに要する期間として道路管理者が定める期間をいう。
（7） 舗装の性能指標　舗装の性能を示す指標をいう。

第2章　設　　計

2—1　舗装の設計期間

　舗装の設計期間は，当該舗装の施工及び管理にかかる費用，施工時の道路の交通及び地域への影響，路上工事等の計画等を総合的に勘案して，道路管理者が定めるものとする。

2—2　舗装計画交通量

　舗装計画交通量は，一方向2車線以下の道路においては当該道路の大型の自動車の方向別の日交通量のすべてが1車線を通過するものとして，一方向3車線以上の道路においては，各車線の大型の自動車の交通の分布状況を勘案して，大型の自動車の方向別の日交通量の70％以上が1車線を通過するものとして，当該道路管理者が算定するものとする。
　なお，道路の大型の自動車の方向別の日交通量は，当該道路の計画交通量，当該道路の存する地域の発展の動向，将来の自動車交通の状況等を勘案して，別途公表する算定方法を参考に，当該道路管理者が定めるものとする。

2—3 舗装の性能指標の設定

(1) 舗装の設計前に，道路の存する地域の地質及び気象の状況，道路の交通状況，沿道の土地利用の状況等を勘案して，当該舗装の性能指標及びその値を定めるものとする。
(2) 舗装の性能指標の値は，原則として施工直後の値とする。
(3) 舗装の性能指標の値は，施工直後の値だけでは性能の確認が不十分である場合においては，必要に応じ，供用後一定期間を経た時点の値を定めることができるものとする。

2—4 舗装の性能指標

1. 車道及び側帯の舗装の必須の性能指標
 　車道及び側帯の舗装の必須の性能指標は，疲労破壊輪数，塑性変形輪数及び平たん性とする。
2. 雨水を道路の路面下に円滑に浸透させることができる構造の舗装の性能指標
 　車道及び側帯の舗装の性能指標は，雨水を道路の路面下に円滑に浸透させることができる構造とする場合においては，1.に浸透水量を追加するものとする。
3. 必要に応じ定める舗装の性能指標
 　1.又は2.に定める舗装の性能指標のほか，必要に応じ，すべり抵抗，耐骨材飛散，耐摩耗，騒音の発生の減少等の観点から舗装の性能指標を追加するものとする。

2—5 舗装の性能指標の基準値

1. 車道及び側帯の舗装の必須の性能指標
(1) 疲労破壊輪数
 　1) 車道及び側帯の舗装の施工直後の疲労破壊輪数は，舗装計画交通量に応じ，次の表の右欄に掲げる値以上とするものとする。

舗装計画交通量 （単位　1日につき台）	疲労破壊輪数 （単位　10年につき回）
3,000 以上	35,000,000
1,000 以上 3,000 未満	7,000,000
250 以上 1,000 未満	1,000,000
100 以上　250 未満	150,000
100 未満	30,000

2) 1)の疲労破壊輪数は，舗装の設計期間が10年以外である場合においては，1)の表の右欄に掲げる値に，当該設計期間の10年に対する割合を乗じた値以上とするものとする。

3) 1)の疲労破壊輪数は，橋，高架の道路，トンネルその他これらに類する構造の道路における舗装等舗装以外の構造と一体となって耐荷力を有する場合及び舗装の修繕の場合においては，1)の基準によらないことができる。

4) 1)の疲労破壊輪数は，舗装の設計期間における交通量及びその輪荷重が設定され，又は正確に予測することができる道路においては，1)の基準によらず，その交通量及び輪荷重に基づく載荷輪数以上とするものとする。

（2）塑性変形輪数

1) 車道及び側帯の舗装の表層の施工直後の塑性変形輪数は，道路の区分及び舗装計画交通量に応じ，次の表の右欄に掲げる値以上とするものとする。

区　分	舗装計画交通量 （単位　1日につき台）	塑性変形輪数 （単位　1ミリメートルにつき回）
第1種，第2種，第3種第1級及び第2級並びに第4種第1級	3,000 以上	3,000
	3,000 未満	1,500
その他		500

2) 1)の塑性変形輪数は，積雪寒冷地域に存する道路，近い将来に路上工事が予定されている道路その他特別の理由によりやむを得ない場合においては，1)の基準をそのまま適用することが適当でないと認められるときは，当該基準によらないことができる。

3) アスファルト・コンクリート舗装の塑性変形輪数については，耐骨材飛散等の観点から，1)の基準の範囲内で，その値を定めることができる。

(3) 平たん性

車道及び側帯の舗装路面の施工直後の平たん性は，2.4ミリメートル以下とするものとする。

2. 浸透水量

1) 車道及び側帯の舗装路面の施工直後の浸透水量は，道路の区分に応じ，次の表の右欄に掲げる値以上とするものとする。

区　　　分	浸透水量 (単位　15秒につきミリリットル)
第1種，第2種，第3種第1級及び第2級並びに第4種第1級	1,000
その他	300

2) 1)の浸透水量は，積雪寒冷地域に存する道路，近い将来に路上工事が予定されている道路その他特別の理由によりやむを得ない場合においては，1)の基準をそのまま適用することが適当でないと認められるときは，当該基準によらないことができる。

第3章 施　工

3－1　施工方法

　舗装の施工に当たっては，環境への影響の少ない施工方法，工期が短い等道路の交通への影響の少ない施工方法等を積極的に採用し，広域的な環境の保全，道路利用者及び地域への影響の緩和に努めるものとする。

3－2　舗装の施工

（1）　舗装の施工に当たっては，交通の安全及び他の構造物への影響に留意し，安全かつ確実に行うものとする。
（2）　舗装の施工に先立ち，原地盤，橋梁床版，舗装の下層等（以下「舗装の施工の基盤」という。）の状態を確認し，必要に応じ，舗装の施工の基盤の改良，舗装の設計の見直し等必要な措置を講じるものとする。
（3）　積雪寒冷地域における路床土の凍結融解の影響の緩和，道路の地下に設けられた管路等への交通荷重の影響の緩和，舗装の設計及び施工の効率向上等の観点から合理的であると認められる場合においては，積極的に原地盤等の改良を行うものとする。
（4）　舗装の性能を向上させるための予防的工法については，施工及び管理にかかる費用等を総合的に勘案して有効であると認められる場合においては，積極的に採用するものとする。

3－3　周辺施設の施工

　排水施設，消融雪施設等舗装の施工及び管理に影響を及ぼす施設は，舗装の構造の保全及び安全かつ円滑な交通の確保の観点から必要な条件を明確にした上で，舗装と同時に施工するよう努めるものとする。

3—4　施工の記録

（1）　舗装の管理を適切に行うため，舗装の種別，施工年月，構造その他必要な事項を台帳等に記録しておくものとする。
（2）　優れた施工技術を蓄積するため，新材料を使用した場合又は施工方法に新技術を活用した場合においては，施工管理等に関する調査を行い，その結果を記録しておくものとする。

第4章　性能の確認

4—1　舗装の性能指標の確認

（1）　舗装の施工直後に，舗装の性能指標の値について確認するものとする。
（2）　舗装の性能指標の値について，供用後一定期間を経た時点の値を定めた場合においては，その時点で確認するものとする。

4—2　舗装の性能指標の測定方法

1．車道及び側帯の舗装の必須の性能指標
（1）　疲労破壊輪数
　1)　車道及び側帯の舗装の疲労破壊輪数は，任意の車道（2以上の車線を有する道路にあっては，各車線。）の中央から1メートル離れた任意の舗装の部分の路面に対し，促進載荷装置を用いた繰り返し載荷試験によって確認できるものとする。
　2)　1)の疲労破壊輪数は，当該舗装道の区間の舗装と舗装構成が同一である舗装の供試体による繰り返し載荷試験によって確認できるものとする。
　3)　当該舗装道の区間と舗装構成が同一である他の舗装道の区間の舗装の疲労破壊輪数が過去の実績からみて確認されている場合においては，当該舗装の

疲労破壊輪数をその値とするものとする。
　　4)　別表1に掲げるアスファルト・コンクリート舗装は，任意の舗装の設計期間に対して，2─5　1.(1)1)の基準に適合するものとみなす。
　　5)　別表2に掲げるセメント・コンクリート舗装は，当該舗装の設計期間を20年として，2─5　1.(1)1)の基準に適合するものとみなす。
(2)　塑性変形輪数
　　1)　車道及び側帯の舗装の表層の塑性変形輪数は，現地における促進載荷装置を用いた繰り返し載荷試験によって確認できるものとする。
　　2)　1)の塑性変形輪数は，当該舗装道の区間の舗装と表層の厚さ及び材質が同一である舗装の供試体による，試験温度60度とした繰り返し載荷試験によって確認できるものとする。
　　3)　1)の塑性変形輪数は，試験温度60度としたホイールトラッキング試験によって確認できるものとする。
　　4)　当該舗装道の区間の舗装と表層の厚さ及び材質が同一である他の舗装道の区間の舗装の表層の塑性変形輪数が過去の実績からみて確認されている場合においては，当該表層の塑性変形輪数をその値とするものとする。
　　5)　表層に用いられるセメント・コンクリートは，2─5　1.(2)1)の基準に適合するものとみなす。
(3)　平たん性
　　車道及び側帯の舗装路面の平たん性は，3メートルプロフィルメータによる平たん性測定方法又はこれと同等の平たん性を算定できる測定方法によって確認できるものとする。
2.　浸透水量
　　車道及び側帯の舗装路面の浸透水量は，1,000平方メートルにつき1箇所以上の割合で任意に選定した直径15センチメートルの円形の舗装路面に対し，路面から高さ60センチメートルまで満たした水を400ミリリットル注入させた場合の時間から算定する方法によって確認できるものとする。

4―3 新しい測定方法の認定

　4―2以外の測定方法により，舗装の性能指標の値について，確認できるか否かの判断は，当該道路管理者が行うものとする。なお，独立行政法人土木研究所において，舗装の性能指標の測定方法として認められる方法を公表するので，適宜参考とされたい。

別表１

疲労破壊輪数の基準に適合する
アスファルト・コンクリート舗装

（１） アスファルト・コンクリート舗装の等値換算厚は，必要等値換算厚を下回ってはならない。

（２） アスファルト・コンクリート舗装の等値換算厚は，次式によるものとする。

$$T_A' = \sum_{i=1}^{n} a_i \cdot h_i$$

T_A'：等値換算厚（cm）
a_i：舗装各層に用いる材料・工法の等値換算係数。**表１—１** による。
h_i：各層の厚さ（cm）。表層と基層を加えた最小厚さは**表１—３** による。
　　　路盤各層の最小厚さは**表１—４** による。
n　：層の数

表１—１　舗装各層に用いる材料・工法の等値換算係数

使用する層	材料・工法	品　質　規　格	等値換算係数 a
表層 基層	加熱アスファルト混合物	ストレートアスファルトを使用 混合物の性状は**表１—２** による。	1.00
上層路盤	瀝青安定処理	加熱混合：安定度 3.43 kN 以上	0.80
		常温混合：安定度 2.45 kN 以上	0.55
	セメント・瀝青安定処理	一軸圧縮強さ　1.5〜2.9 MPa 一次変位量　5〜30（1/100cm） 残留強度率　65％以上	0.65
	セメント安定処理	一軸圧縮強さ［7日］2.9 MPa	0.55

	石灰安定処理	一軸圧縮強さ［10日］0.98 MPa	0.45
	粒度調整砕石・粒度調整鉄鋼スラグ	修正CBR 80以上	0.35
	水硬性粒度調整鉄鋼スラグ	修正CBR 80以上一軸圧縮強さ［14日］1.2 MPa	0.55
下層路盤	クラッシャラン，鉄鋼スラグ，砂など	修正CBR 30以上	0.25
		修正CBR 20以上30未満	0.20
	セメント安定処理	一軸圧縮強さ［7日］0.98 MPa	0.25
	石灰安定処理	一軸圧縮強さ［10日］0.7 MPa	0.25

注：
1. 表層，基層の加熱アスファルト混合物に改質アスファルトを使用する場合には，その強度に応じた等値換算係数 a を設定する。
2. 安定度とは，マーシャル安定度試験により得られる安定度（kN）をいう。この試験は，直径101.6 mmのモールドを用いて作製した高さ63.5±1.3 mmの円柱形の供試体を60±1℃の下で，円形の載荷ヘッドにより載荷速度50±5 mm/分で載荷する。
3. 一軸圧縮強さとは，安定処理混合物の安定材の添加量を決定することを目的として実施される一軸圧縮試験により得られる強度（MPa）をいう。［　］内の期間は供試体の養生期間を表す。この試験は，直径100 mmのモールドを用いて作製した高さ127 mmの円柱形の供試体を圧縮ひずみ1％/分の速度で載荷する。
4. 一次変位量とは，セメント・瀝青安定処理路盤材料の配合設計を目的として実施される一軸圧縮試験により得られる一軸圧縮強さ発現時における供試体の変位量（1/100 cm）をいう。この試験は，直径101.6 mmのモールドを用いて作製した高さ68.0±1.3 mmの円柱形の供試体を載荷速度1 mm/分で載荷する。
5. 残留強度率とは，一軸圧縮強さ発現時からさらに供試体を圧縮し，一次変位量と同じ変位量を示した時点の強度の一軸圧縮強さに対する割合をいう。
6. 修正CBRとは，修正CBR試験により得られる標準荷重強さに対する相対的な荷重強さ（％）をいう。

表1−2 マーシャル安定度試験に対する基準値

混合物の種類	突固め回数		空隙率(％)	飽和度(％)	安定度(kN)	フロー値(1/100 cm)
	1,000≦T	T<1,000				
①粗粒度アスファルト混合物(20)	75	50	3〜7	65〜85	4.90 以上	20〜40
②密粒度アスファルト混合物(20)			3〜6	70〜85	4.90[7.35] 以上	
(13)						
③細粒度アスファルト混合物(13)						
④密粒度ギャップアスファルト混合物 (13)			3〜7	65〜85		
⑤密粒度アスファルト混合物 (20 F)		50	3〜5	75〜85	4.90 以上	
(13 F)						
⑥細粒度ギャップアスファルト混合物 (13 F)						
⑦細粒度アスファルト混合物 (13 F)			2〜5	75〜90	3.43 以上	20〜80
⑧密粒度ギャップアスファルト混合物 (13 F)			3〜5	75〜85	4.90 以上	20〜40
⑨開粒度アスファルト混合物(13)	75	50	—	—	3.43 以上	

注：
1. T：舗装計画交通量
2. 積雪寒冷地域，1,000≦T<3,000 であっても流動によるわだち掘れのおそれが少ないところにおいては，突固め回数を 50 回とする。
3. 安定度の欄の [ ] 内の値：1,000≦T で突固め回数を 75 回とする場合の基準値
4. 水の影響を受けやすいと思われる混合物又はそのような箇所に舗設される混合物は，次式で求めた残留安定度が 75％以上であることが望ましい。

　　　残留安定度(％)＝(60℃，48 時間水浸後の安定度/安定度)×100

表1—3 表層と基層を加えた最小厚さ

舗装計画交通量（台/日）	表層と基層を加えた最小厚さ（cm）
T＜250	5
250≦T＜1,000	10（5）
1,000≦T＜3,000	15（10）
3,000≦T	20（15）

注：
1. 舗装計画交通量が特に少ない場合は，3cmまで低減することができる。
2. 上層路盤に瀝青安定処理工法を用いる場合は，（ ）内の厚さまで低減することができる。

表1—4 路盤各層の最小厚さ

工法・材料	一層の最小厚さ
瀝青安定処理	最大粒径の2倍かつ5cm
その他の路盤材	最大粒径の3倍かつ10cm

（3） アスファルト・コンクリート舗装の必要等値換算厚は，次式によるものとする。

$$T_A = 3.84\, N^{0.16}/CBR^{0.3}$$

T_A ：必要等値換算厚

N ：疲労破壊輪数

CBR：路床の設計CBR

注） 設計CBR算出時の路床の厚さは1mを標準とする。ただし，その下面に生じる圧縮応力が充分小さいことが確認される場合においては，この限りではない。

別表2

疲労破壊輪数の基準に適合する
セメント・コンクリート舗装
(舗装の設計期間：20年)

（1） セメント・コンクリート版の版厚等は，**表2―1**によるものとする。

表2―1 セメント・コンクリート版の版厚等

舗装計画交通量 (台/日)	セメント・コンクリート版の設計			収縮目地間隔	タイバー, ダウエルバー
	設計基準曲げ強度	版厚	鉄網		
T＜100	4.4 MPa (3.9 MPa)	15 cm (20 cm)	原則として使用する。 3 kg/m²	・8 m ・鉄網を用いない場合は5 m	原則として使用する。
100≦T＜250		20 cm (25 cm)			
250≦T＜1,000	4.4 MPa	25 cm		10 m	
1,000≦T＜3,000		28 cm			
3,000≦T		30 cm			

注：版厚の欄の( )内の値：曲げ強度3.9 MPaのセメント・コンクリートを使用する場合の値

（2） 路盤の厚さは，**表2―2**によるものとする。

表2−2 路盤の厚さ

舗装計画交通量 (台/日)	路床の設計CBR	アスファルト中間層 (cm)	粒度調整砕石 (cm)	クラッシャラン (cm)
T<250	2	0	25 (20)	40 (30)
T<250	3	0	20 (15)	25 (20)
T<250	4	0	25 (15)	0
T<250	6	0	20 (15)	0
T<250	8	0	15 (15)	0
T<250	12以上	0	15 (15)	0
250≦T<1,000	2	0	35 (20)	45 (45)
250≦T<1,000	3	0	30 (20)	30 (25)
250≦T<1,000	4	0	20 (20)	25 (0)
250≦T<1,000	6	0	25 (15)	0
250≦T<1,000	8	0	20 (15)	0
250≦T<1,000	12以上	0	15 (15)	0
1,000≦T	2	4 (0)	25 (20)	45 (45)
1,000≦T	3	4 (0)	20 (20)	30 (25)
1,000≦T	4	4 (0)	10 (20)	25 (0)
1,000≦T	6	4 (0)	15 (15)	0
1,000≦T	8	4 (0)	15 (15)	0
1,000≦T	12以上	4 (0)	15 (15)	0

注：
1. 粒度調整砕石の欄の（ ）内の値：セメント安定処理路盤の場合の厚さ
2. クラッシャランの欄の（ ）内の値：上層路盤にセメント安定処理路盤を使用した場合の厚さ
3. 路床の設計CBRが2のときには，遮断層を設けるものとする。
4. 設計CBR算出時の路床の厚さは1mを標準とする。ただし，その下面に生じる圧縮応力が充分小さいことが確認される場合においては，この限りではない。

○ 関連法令

法令

○ 関連法令

道路構造令（抄）

(昭和45年10月29日政令第320号)

(舗装)
第23条　車道，中央帯（分離帯を除く。），車道に接続する路肩，自転車道等及び歩道は，舗装するものとする。ただし，交通量がきわめて少ない等特別の理由がある場合においては，この限りでない。

2　車道及び側帯の舗装は，その設計に用いる自動車の輪荷重の基準を49キロニュートンとし，計画交通量，自動車の重量，路床の状態，気象状況等を勘案して，自動車の安全かつ円滑な交通を確保することができるものとして国土交通省令で定める基準に適合する構造とするものとする。ただし，自動車の交通量が少ない場合その他の特別の理由がある場合においては，この限りでない。

3　第4種の道路（トンネルを除く。）の舗装は，当該道路の存する地域，沿道の土地利用及び自動車の交通の状況を勘案して必要がある場合においては，雨水を道路の路面下に円滑に浸透させ，かつ，道路交通騒音の発生を減少させることができる構造とするものとする。ただし，道路の構造，気象状況その他の特別の理由によりやむを得ない場合においては，この限りでない。

車道及び側帯の舗装の構造の基準に関する省令

(平成 13 年 6 月 26 日国土交通省令第 103 号)

道路構造令(昭和 45 年政令第 320 号)第 23 条第 2 項の規定に基づき,車道及び側帯の舗装の構造の基準に関する省令を次のように定める。

車道及び側帯の舗装の構造の基準に関する省令

(定義)

第 1 条　この省令において,次の各号に掲げる用語の意義は,当該各号に定めるところによる。

一　疲労破壊輪数　舗装道において,舗装路面に 49 キロニュートンの輪荷重を繰り返し加えた場合に,舗装にひび割れが生じるまでに要する回数で,舗装を構成する層の数並びに各層の厚さ及び材質(以下「舗装構成」という。)が同一である区間ごとに定められるものをいう。

二　塑性変形輪数　舗装道において,舗装の表層の温度を 60 度とし,舗装路面に 49 キロニュートンの輪荷重を繰り返し加えた場合に,当該舗装路面が下方に 1 ミリメートル変位するまでに要する回数で,舗装の表層の厚さ及び材質が同一である区間ごとに定められるものをいう。

三　平たん性　舗装道の車道(2 以上の車線を有する道路にあっては,各車線。以下この号において同じ。)において,車道の中心線から 1 メートル離れた地点を結ぶ,中心線に平行する 2 本の線のいずれか一方の線(道路構造令第 31 条の 2 の規定に基づき凸部が設置された路面上の区間に係るものを除く。)上に延長 1.5 メートルにつき 1 箇所以上の割合で選定された任意の地点について,舗装路面と想定平たん舗装路面(路面を平たんとなるよう補正した場合に想定される舗装路面をいう。)との高低差を測定することにより得られる,当該高低差のその平均値に対する標準偏差で,舗装の表層の厚さ

及び材質が同一である区間ごとに定められるものをいう。
四　浸透水量　舗装道において，直径15センチメートルの円形の舗装路面の路面下に15秒間に浸透する水の量で，舗装の表層の厚さ及び材質が同一である区間ごとに定められるものをいう。
五　舗装計画交通量　舗装の設計の基礎とするために，道路の計画交通量及び2以上の車線を有する道路にあっては各車線の大型の自動車の交通の分布状況を勘案して定める大型の自動車の1車線あたりの日交通量をいう。

(舗装)
第2条　車道及び側帯の舗装は，次条から第5条までに定める基準に適合する構造とするものとする。
2　車道及び側帯の舗装は，自動車の安全かつ円滑な交通を確保するため，雨水を道路の路面下に円滑に浸透させることができる構造とする必要がある場合においては，前項に定める構造とするほか，第6条に定める基準に適合する構造とするものとする。

(疲労破壊輪数)
第3条　疲労破壊輪数は，舗装計画交通量に応じ，次の表の下欄に掲げる値以上とするものとする。

舗装計画交通量 (単位　1日につき台)	疲労破壊輪数 (単位　10年につき回)
3,000 以上	35,000,000
1,000 以上 3,000 未満	7,000,000
250 以上 1,000 未満	1,000,000
100 以上 250 未満	150,000
100 未満	30,000

2　前項の疲労破壊輪数の測定は，実地に行うものとする。ただし，当該舗装道の区間の舗装と舗装構成が同一である舗装の供試体を作成した場合には，当該供試体について測定することをもって，実地に行う測定に代えることができる。
3　当該舗装道の区間と舗装構成が同一である他の舗装道の区間の舗装が第1項の基準に適合することが明らかである場合は，当該舗装道の区間の舗装についても同項の基準に適合するものとみなす。

(塑性変形輪数)
第4条　塑性変形輪数は，道路の区分及び舗装計画交通量に応じ，次の表の下欄に掲げる値以上とするものとする。

区　分	舗装計画交通量 (単位　1日につき台)	塑性変形輪数 (単位　1ミリメートルにつき回)
第1種，第2種，第3種第1級及び第2級並びに第4種第1級	3,000以上	3,000
	3,000未満	1,500
その他		500

2　前項の塑性変形輪数の測定は，実地に行うものとする。ただし，当該舗装道の区間の舗装と表層の厚さ及び材質が同一である舗装の供試体を作成した場合には，当該供試体について測定することをもって，実地に行う測定に代えることができる。
3　当該舗装道の区間の舗装と表層の厚さ及び材質が同一である他の舗装道の区間の舗装が第1項の基準に適合することが明らかである場合は，当該舗装道の区間の舗装についても同項の基準に適合するものとみなす。

(平たん性)
第5条　平たん性は，2.4ミリメートル以下とするものとする。
2　前項の平たん性の測定は，実地に行うものとする。

(浸透水量)
第6条　浸透水量は，道路の区分に応じ，次の表の下欄に掲げる値以上とするものとする。

区分	浸透水量 (単位　15秒につきミリリットル)
第1種，第2種，第3種第1級及び第2級並びに第4種第1級	1,000
その他	300

2　前項の浸透水量の測定は，実地に行うものとする。

　附　則
この省令は，平成13年7月1日から施行する。

○　舗装の構造に関する技術基準・同解説

解説

○　舗装の構造に関する技術基準・同解説

第1章　総　　則

1―1　基準の目的

> 本基準は，舗装の構造に関する一般的技術的基準を定めるものとする。

　道路構造令（以下「政令」という。）第23条は，車道，中央帯（分離帯を除く），車道に接続する路肩，自転車道等及び歩道の舗装に関する規定である。政令第23条第2項の規定に基づき，車道及び側帯の舗装の構造の基準に関する省令（以下「省令」という。）が車道及び側帯の舗装の構造に関する性能指標，基準値及びその測定方法を定めている。舗装の構造に関する技術基準（以下，「本基準」という。）は，省令の施行通達としての位置付けから，省令において規定された測定方法を実現するための実際の測定方法，新しい測定方法の認定及び既に必要な性能があると認められた舗装について規定している。また，本基準は，政令第23条第2項のただし書き「ただし，自動車の交通量が少ない場合その他の特別の理由がある場合においては，この限りでない。」で予定している省令の規定に適合しなくてもよい場合についても明示している。さらに，本基準は，省令を補完し，車道，中央帯（分離帯を除く），車道に接続する路肩，自転車道等及び歩道の舗装等すべての舗装に共通の内容として，舗装構造の原則，舗装の設計期間，施工時の留意事項，積雪寒冷地域における凍上対策及び必要に応じ定める舗装の性能指標についても規定することで，より幅広い政策方針を取り入れている。

　本基準でいう舗装とは，セメント・コンクリート舗装又はアスファルト・コンクリート舗装だけでなく，インターロッキングブロック舗装，石畳等すべての舗

装をさしている。

　本基準は，舗装の設計，施工に必要な技術基準として定められている。道路の新設又は改築を行う場合には，これにより舗装整備の推進を図ること，また，道路の大規模な修繕を行う場合にあっても，本基準によるよう配慮することとされている。ここで修繕を大規模なものに限定したのは，平たん性，すべり抵抗等の路面の性能の測定精度は測定される舗装の延長によるところがあり，小規模な施工時には信頼できるデータが得られないこと等を考慮したことによる。なお，いずれの場合も施工時の性能に関する規定であり，管理段階における舗装の性能を規定するものではない。

　ここで，道路の新設とは，道路を新たに設けること，すなわち，路線の指定等又は変更に伴い新たに道路を築造する工事をいう。道路の改築とは，既設の道路の効用，機能等を現状より良くするための工事をいい，その内容は様々である。道路の線形改良，拡幅等のほかに，バイパスの新築も道路の区域変更による場合は改築となる。また，道路の修繕とは，当初築造した道路の損傷した構造を保持，回復する工事のうち，災害復旧に含まれるもの以外のものをいう。なお，これらの概念は道路法においても明確に区別してあり，第 12 条「国道の新設又は改築は，国土交通大臣が行う。（後略）」，第 13 条「前条に規定するものを除く外，国道の維持，修繕，公共土木施設災害復旧事業費国庫負担法（昭和 26 年法律第 97 号）第 2 条第 2 項に規定する災害復旧事業（以下「災害復旧」という。）その他の管理は，（後略）」というように別々の規定がある。本基準は，2-5　1.（1）3）において舗装の修繕という用語を用いているが，これはオーバーレイのように舗装の一部を補修するものをいい，舗装のすべてを打換えるものと区別している。

　政令，省令及び本基準の規定内容を図1―1に示す。

(管理段階)	道路構造令（政令） （道路を新設し、又は改築する場合）		車道及び側帯の舗装の構造の基準に関する省令（道路を新設し、又は改築する場合）
	（規定していない）		（規定していない）
施工段階	第23条　車道、中央帯（分離帯を除く。）、車道に接続する路肩、自転車道等及び歩道は、舗装するものとする。ただし、交通量がきわめて少ない等特別の理由がある場合においては、この限りでない。	→	
	第2項　車道及び側帯の舗装は、その設計に用いる自動車の輪荷重の基準を49キロニュートンとし、計画交通量、自動車の重量、路床の状態、気象状況等を勘案して、自動車の安全かつ円滑な交通を確保することができるものとして国土交通省令で定める基準に適合する構造とするものとする。ただし、自動車の交通量が少ない場合その他の特別の理由がある場合においては、この限りでない。		車道及び側帯の舗装の構造 ○性能指標、基準値及びその測定方法 ● 疲労破壊輪数 ● 塑性変形輪数 ● 平たん性 ● 浸透水量
	第3項　第4種の道路（トンネルを除く。）の舗装は、当該道路の存する地域、沿道の土地利用及び自動車の交通の状況を勘案して必要がある場合においては、雨水を道路の路面下に円滑に浸透させ、かつ、道路交通騒音の発生を減少させることができる構造とするものとする。ただし、道路の構造、気象状況その他の特別の理由によりやむを得ない場合においては、この限りでない。		
	↓（補完）	↓（適用条件）	↓（運用）
舗装の構造に関する技術基準（都市・地域整備局長、道路局長通達）（道路を新設し又は改築する場合。道路の大規模な修繕を行う場合にも配慮）	○舗装構造の原則 ○舗装の設計期間 ○施工時の留意事項 ○積雪寒冷地域における凍上対策 ○必要に応じ定める舗装の性能指標	○自動車の交通量が少ない場合その他の特別の理由がある場合の説明	○実際の測定方法 ○新しい測定方法の認定 ○既に必要な性能があると認められた舗装

図1-1　政令，省令及び本基準の規定内容

1-2　舗装の構造の原則

（1）　舗装は，道路の存する地域の地質，気象その他の状況及び当該道路の交通状況を考慮し，通常の衝撃に対して安全であるとともに，安全かつ円滑な交通を確保することができる構造とするものとする。

（2）　舗装の構造の決定に当たっては，道路の存する地域の状況，沿道の土地利用の状況及び自動車交通の状況を勘案して，当該舗装の構造に起因する環境への負荷を軽減するよう努めるものとする。また，舗装発生材及び

他産業再生資材の使用等リサイクルの推進に努めるものとする。
（3）　車道及び側帯の舗装は，自動車の安全かつ円滑な交通を確保するため，道路の存する地域の状況，自動車交通の状況を勘案して必要がある場合においては，雨水を道路の路面下に円滑に浸透させることができる構造とするものとする。
（4）　積雪寒冷地域に存する道路の車道及び側帯の舗装の施工に当たっては，路床の状態を勘案して必要がある場合においては，路床土の凍結融解による舗装の破損を防止する対策を行うものとする。

（1）　道路の構造の原則「道路の構造は，当該道路の存する地域の地形，地質，気象その他の状況及び当該道路の交通状況を考慮し，通常の衝撃に対して安全なものであるとともに，安全かつ円滑な交通を確保することができるものでなければならない。（道路法第29条）」のうち，舗装構造の原則として留意すべき事項について規定したものである。政令第23条第2項でいうところの「自動車の交通量が少ない場合その他の特別の理由がある場合においては，この限りでない。」（省令で定める基準に適合しなくともよい）に該当する場合であっても，道路の状況と交通の状況を勘案し，可能な限り，安全かつ円滑な交通を確保することができる構造とするよう努めるべきである。

　　また，マンホールや橋梁ジョイント等舗装以外のもので路面を構成するものも安全かつ円滑な交通を確保することができるものでなければならない。すなわち，道路管理者はこの基準に従って舗装を施工するだけでなく，占用事業者に対しても路面の機能を損なわないよう指導する必要がある。

（2）　環境への負荷を軽減することも舗装の要件であり，（1）の道路の状況と交通の状況に加え，沿道の状況も考慮して舗装の構造を決めるべきことをさしている。同様に，舗装の施工が適切であることはもとより，マンホール等による段差も騒音，振動等を発生しないように管理する必要がある。

　　舗装分野におけるリサイクル技術としては，プラント再生舗装工法，路上路盤再生工法，路上表層再生工法が実用化されている。また，循環型社会の実現に向けて，建設副産物や産業廃棄物のリサイクルのための技術開発やシステムづく

りが各方面で進められている。再生資源の利用が促進されている背景には，新たな天然資源の開発が困難であること，焼却処分が地球温暖化の原因となるCO_2を発生させること，最終処分場の新規確保が困難であることによる既存処分場の延命の必要性等がある。舗装材料としての経済性だけでなく，社会全体の経済性の観点から再生資材の使用等リサイクルを推進することが求められている。このとき，舗装を廃棄物の最終処分場として安易にとらえるのでなく，要求性能を満足するものであれば材料の発生源や実績は問わないという性能重視の姿勢が重要である。新しい再生資材を採用するに際しては，工学的特性，環境安全性，品質の変動特性，再利用性等の観点からの評価が必要である。

（3）　政令第23条第3項では，第4種の道路（トンネルを除く。）の舗装は，「必要がある場合においては，雨水を道路の路面下に円滑に浸透させ，かつ，道路交通騒音の発生を減少させることができる構造とするものとする」ことが規定されている。一方，省令第2条第2項では，「車道及び側帯の舗装は，自動車の安全かつ円滑な交通を確保するため，雨水を道路の路面下に円滑に浸透させることができる構造とする必要がある場合においては，前項に定める構造とするほか，第6条に定める基準に適合する構造とするものとする。」と規定されている。安全かつ円滑な交通を確保するために必要がある場合においては，第4種の道路に限らず，雨水を道路の路面下に円滑に浸透させることができる構造の舗装とするものである。

　　雨水を道路の路面下に円滑に浸透させることができる構造の舗装の採用にあたって勘案すべき道路の存する地域の状況とは，降雨の状況等であり，自動車の交通の状況とは，走行速度等である。

（4）　積雪寒冷地域における凍上対策について規定したものである。破損を防止する対策とは，必要な深さまで路床を凍上しにくい材料，たとえば砂利や砂のような均一な粒状材料で置き換えること，舗装の一部に断熱性の高い材料を使用すること等をさしている。

1—3　用語の定義

　本基準において用語の意義は，道路法（昭和27年法律第180号）及び道路構造令（昭和45年政令第320号）によるほか，以下による。
（1）　疲労破壊輪数　舗装道において，舗装路面に49キロニュートンの輪荷重を繰り返し加えた場合に，舗装にひび割れが生じるまでに要する回数で，舗装を構成する層の数並びに各層の厚さ及び材質（以下「舗装構成」という。）が同一である区間ごとに定められるものをいう。
（2）　塑性変形輪数　舗装道において，舗装の表層の温度を60度とし，舗装路面に49キロニュートンの輪荷重を繰り返し加えた場合に，当該舗装路面が下方に1ミリメートル変位するまでに要する回数で，舗装の表層の厚さ及び材質が同一である区間ごとに定められるものをいう。
（3）　平たん性　舗装道の車道（2以上の車線を有する道路にあっては，各車線。以下(3)において同じ。）において，車道の中心線から1メートル離れた地点を結ぶ，中心線に平行する2本の線のいずれか一方の線（道路構造令第31条の2の規定に基づき凸部が設置された路面上の区間に係るものを除く。）上に延長1.5メートルにつき1箇所以上の割合で選定された任意の地点について，舗装路面と想定平たん舗装路面（路面を平たんとなるよう補正した場合に想定される舗装路面をいう。）との高低差を測定することにより得られる，当該高低差のその平均値に対する標準偏差で，舗装の表層の厚さ及び材質が同一である区間ごとに定められるものをいう。
（4）　浸透水量　舗装道において，直径15センチメートルの円形の舗装路面の路面下に15秒間に浸透する水の量で，舗装の表層の厚さ及び材質が同一である区間ごとに定められるものをいう。
（5）　舗装計画交通量　舗装の設計の基礎とするために，道路の計画交通量及び2以上の車線を有する道路にあっては各車線の大型の自動車の交通の分布状況を勘案して定める大型の自動車の1車線あたりの日交通量をいう。
（6）　舗装の設計期間　自動車の輪荷重を繰り返し受けることによる舗装の

> ひび割れが生じるまでに要する期間として道路管理者が定める期間をいう。
> （7）　舗装の性能指標　舗装の性能を示す指標をいう。

（1）　疲労破壊輪数

　舗装は交通荷重（自動車の輪荷重）を繰り返し受け続けることにより，ある時点で疲労破壊を生じ，舗装にひび割れが発生する。疲労破壊を生じるまでに載荷される（舗装が受ける）輪荷重の回数が多い舗装は耐荷力の大きい舗装といえる。当該規定は，省令第1条第1号そのものである。路盤，基層，表層等より構成される舗装構造全体の繰り返し荷重に対する耐荷力を表す指標が疲労破壊輪数である。政令第23条第2項の規定により，設計に用いる自動車の輪荷重の基準を49キロニュートンとしている。路床の支持力が同一の場合で舗装を構成する層の数並びに各層の厚さ及び材質が同一であれば，すなわち舗装構成が同一であれば，その疲労破壊輪数も同一である。舗装構成の異なる例を図1-2に示す。

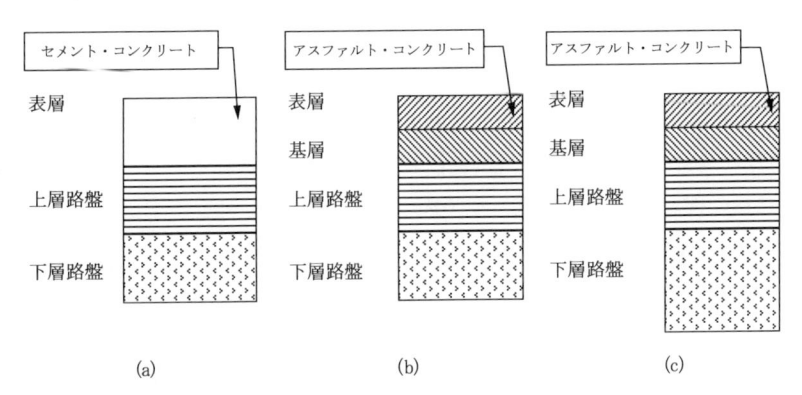

(a)と(b)は層の数ならびに表層と基層の厚さ及び材質が異なる。(b)と(c)は路盤の厚さが異なる。

図1-2　舗装構成の異なる例

　また，疲労破壊輪数において想定している舗装のひび割れは疲労破壊によるものだけをさす。下向きの交通荷重が路面に作用することから，舗装の疲労破壊によるひび割れは舗装の下面から上方に発達し，表層材料の劣化等により路面から発生するひび割れとは区別される（図1-3）。

```
表層  ▓▓▓▓▓▓▓    ← 路面から発生するひび割れ
基層  ▓▓▓▓▓▓▓    ← 舗装の疲労破壊により下
路盤  ─────          面から上方に発達するひ
                      び割れ
```

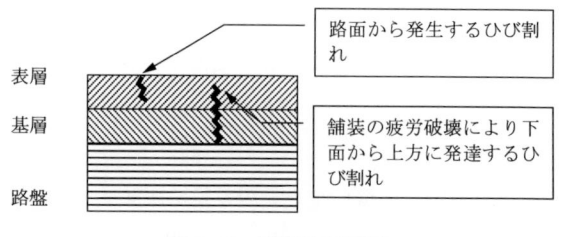

図1─3　舗装のひび割れ

（2）塑性変形輪数

　繰り返される交通荷重により舗装構造全体が疲労破壊するのとは別に，同じく繰り返される交通荷重により表層（路面）の性能が低下する。表層（路面）の性能が低下するまでに載荷される（舗装が受ける）輪荷重の回数が多い表層は変形抵抗性の大きい表層といえる。

　当該規定は，省令第1条第2号そのものである。舗装路面の下方への変位とはわだち掘れのことをさしている。塑性変形と限定しており，タイヤチェーン等による摩耗に起因する変形は含んでいない。また，路盤，基層等下層の沈下による表層の変形に伴う路面の変形も含んでいない。表層の厚さ及び材質が同一であれば塑性変形輪数は同一である。

　表層の塑性変形に対する抵抗性は表層温度に左右されるので，試験温度を規定した。表層温度としては，わが国の実状を踏まえ，路面の最高温度を考慮して，60℃を採用した。

（3）平たん性

　表層の性能（路面の性状）のうち平たん性は，自動車の搭乗者の乗り心地や積み荷の荷傷み等に影響する。

　当該規定は，省令第1条第3号そのものである。政令第31条の2は凸部，狭窄部等に関する規定であり，「第4種第4級の道路又は主として近隣に居住する者の利用に供する第3種第5級の道路には，自動車を減速させて歩行者又は自転車の安全な通行を確保する必要がある場合においては，車道及びこれに接続する路肩の路面に凸部を設置し，又は車道に狭窄部若しくは屈曲部を設けるものとする。」というものである。凸部が設置された路面とは，交通安全の

目的から自動車の速度を抑制するために，ハンプを設けた路面をさしている。

平たん性は，舗装の表層の厚さ及び材質が同一である区間ごとに，車線において，車線の中心線から1メートル離れた地点を結ぶ，中心線に平行する2本の線のいずれか一方の線上で測定する（図1−4）。

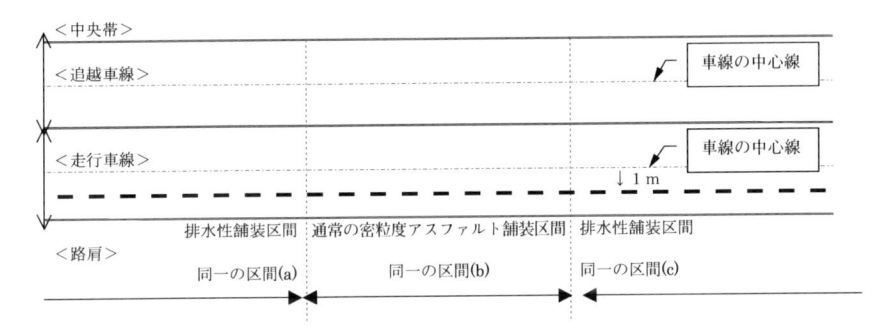

```
<中央帯>
<追越車線>                                    車線の中心線
 ┊
<走行車線>                                    車線の中心線
                                        ↓1m
     排水性舗装区間  通常の密粒度アスファルト舗装区間  排水性舗装区間
<路肩>
     同一の区間(a)    同一の区間(b)         同一の区間(c)
```

①舗装の表層の厚さ及び材質が同一である区間（例えば、通常の密粒度アスファルト舗装か、排水性舗装か）（この場合、(a),(b)及び(c)の3区間）。走行車線と追越車線は舗装の表層の厚さ及び材質が同一であるので、いずれか一方）
②車線（車道）の中心線から1m離れた地点を結ぶ、中心線に平行する2本の線のいずれか一方の線（例えば、右か、左か）（この場合、図中の破線）

図1−4　平たん性の測定位置

平たん性の測定位置ならびに後出の疲労破壊輪数測定のための輪荷重の載荷位置は，実際の車輪の走行が集中する場所（わだち部）とした。わだち部の位置は，設計段階において明確な，かつすべての道路に共通な数値を規定するという基準の性格上，標準的な諸元を有する車両が，車線幅員及び側方余裕幅に関係なく当該車線の中央を走行するものとして定めた。

車両の寸法，性能等は道路の幅員構成，曲線部の拡幅，交差点の設計，縦断勾配，視距等に大きな影響を及ぼす。このため政令では設計車両を小型自動車，普通自動車およびセミトレーラ連結車の3種類とし，これらの諸元を定めている。

舗装の設計において考慮すべきは大型の車両（設計車両でいうところの普通自動車およびセミトレーラ連結車）である。大型の車両の左右の車輪間隔が1.9mであることから（図1−5），わだち部は車線の中央から1m離れた箇所

であるとした。

想定平たん舗装路面とは，路面を平たんとなるよう補正した場合に想定される舗装路面をいう。舗装路面と想定平たん舗装路面との高低差を**図 1-6** に示す。

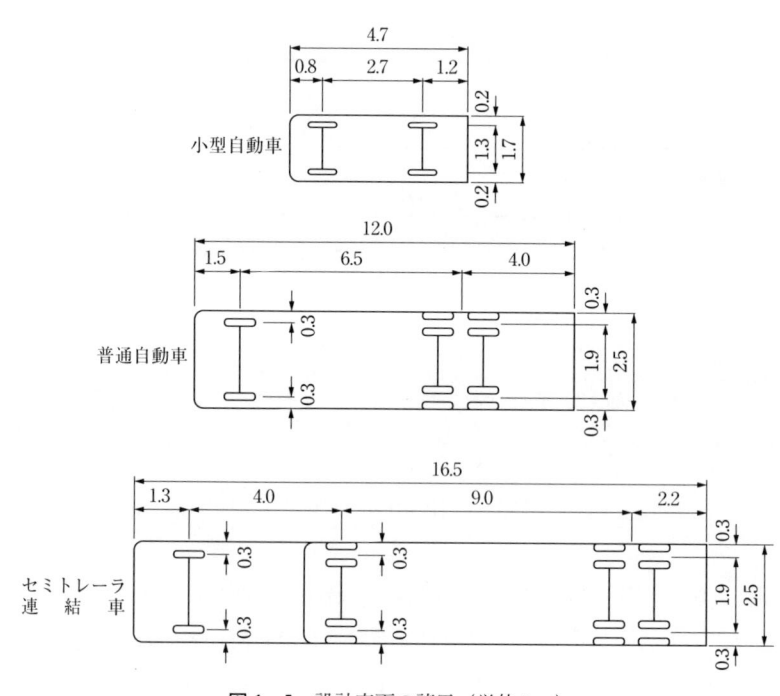

図 1-5 設計車両の諸元（単位：m）

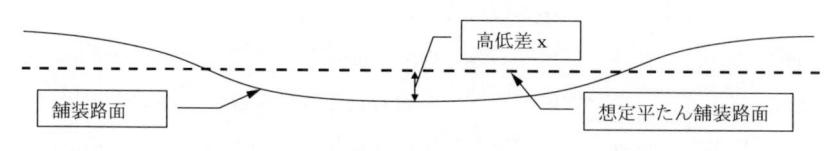

図 1-6 舗装路面と想定平たん舗装路面との高低差

舗装路面と想定平たん舗装路面との高低差のその平均値に対する標準偏差が平たん性である。数学的証明は専門書に譲るが，ある変数 x の「平均値に対する標準偏差」とその変数 x に任意の定数 h を加えた変数（x＋h）の「平均

値に対する標準偏差」は等しい。このことから，想定平たん舗装路面から任意の距離にある仮想路面と舗装路面との高低差を測定することで，平たん性の算定に必要なデータを得ることができる（図1—7）。

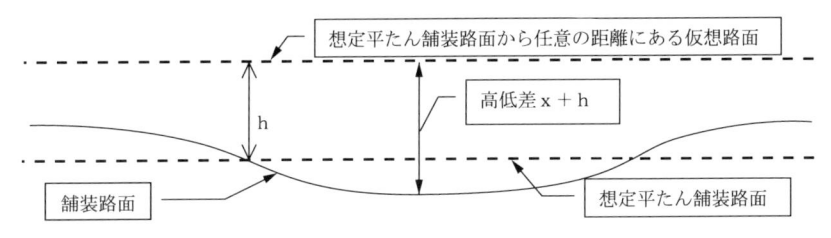

図1—7　想定平たん舗装路面から任意の距離にある仮想路面と舗装路面との高低差

(4)　浸透水量

　当該規定は，省令第1条第4号そのものである。従来舗装の分野で現場透水量と称しているものであり，表層の厚さ及び材質が同一であれば浸透水量も同一である。

　舗装路面の路面下に（水が）浸透する，とは，舗装路面から舗装内に水が浸透することをさす（図1—8）。舗装路面から舗装内に水を浸透させる舗装構造の例としては，路面から浸透した水を表層または基層から排水処理施設に速やかに排水する構造（排水性舗装：図1—9(a)），路面から浸透した水を表層，基層を経て路盤にまで浸透させる構造（透水性舗装：図1—9(b)），路面から浸透した水を表層または基層に保持する構造（保水性舗装：図1—9(c)）がある。

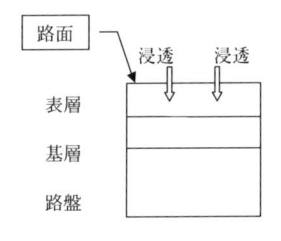

図1—8　路面下への水の浸透

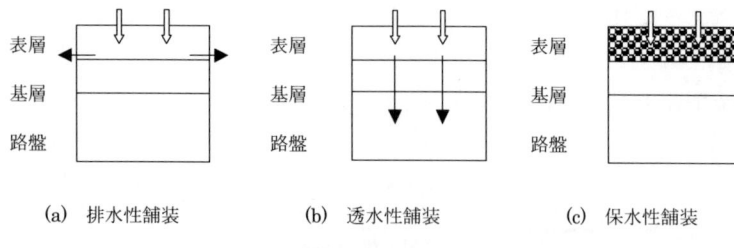

(a) 排水性舗装　　(b) 透水性舗装　　(c) 保水性舗装

図1—9　舗装路面から舗装内に水を浸透させる舗装構造

（5）舗装計画交通量

　当該規定は，省令第1条第5号そのものであり，舗装の設計の基礎とするために用いる大型の自動車の交通量を定義している。算定方法については2—2に示す。

　大型の自動車とは，道路交通センサス（国が行う全国道路・街路交通情勢調

表1—1　車種区分

種別			内容
歩行者類			隊列，葬列を除く
自転車類			車いす，小児用の車を除く
動力付き二輪車類			自動二輪車，原動機付き自転車
自動車類	乗用車類	軽乗用車	ナンバー5（黄と黒のプレート），3，8（小型プレート）
		乗用車	ナンバー3，5，7
		バス	ナンバー2
	貨物車類	軽貨物車	ナンバー4（黄と黒のプレート），3，6（小型プレート）
		小型貨物車	ナンバー4，6
		貨客車	ナンバー4のうちライトバン，バン等
		普通貨物車	ナンバー1
		特種（殊）車	ナンバー8，9，0

査) でいうところの大型車である。車種区分 (**表1—1**) でいうとバス (ナンバー2), 普通貨物車 (ナンバー1), 特種(殊)車 (ナンバー8, 9, 0) がこれに相当する。

(6) 舗装の設計期間

舗装の設計期間は, 路盤, 基層, 表層等の舗装構造全体の繰り返し荷重に対する耐荷力を設定するための期間であり, 舗装構造全体の疲労破壊によりひび割れが生じるまでの期間として設定される。疲労破壊によるひび割れが発生した後, 舗装に多数のひび割れが生じ, 安全かつ円滑な交通が確保することが困難となった時に舗装が打換えられる。ただし, その時期は道路管理者の判断によっており, 基準化されていない。すなわち, 疲労破壊がどの程度進行すれば打換えるのかの判断は道路管理者により異なる。舗装が供用できなくなる状態 (供用限界) を定義できないことから, 本基準においては, 設計段階で想定できる状態として疲労破壊を採用した。設計期間は, あくまでも繰り返し載荷により舗装に疲労破壊によるひび割れが発生する状態までの期間であり, 舗装が供用できなくなる状態までの期間ではない。また, わだち掘れ, 平たん性等の

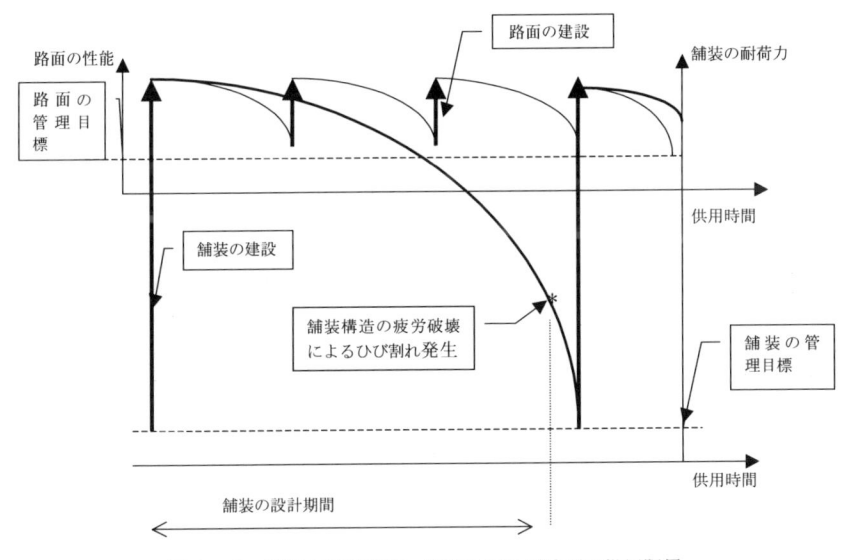

図1—10 舗装の設計期間, 供用限界及び路面の供用限界

路面の性状あるいは排水性能,騒音低減性能等の路面の性能が保持される期間とは別のものである(**図1―10**)。

　舗装の設計期間は舗装の設計の際に舗装計画交通量とともに設計の条件とするものであり,実際の交通量が舗装計画交通量を上回れば,舗装の設計期間よりも短い時間で舗装が疲労破壊を起こすこともある。

　舗装の設計においては,舗装の設計期間内に疲労破壊による修繕を実施することは想定していないが,適切な維持が行われることを想定している。したがって,クラックシール,目地の手入れ等の適切な維持が行われなければ舗装の疲労破壊の時期は早まり,逆により入念な維持により舗装の疲労破壊の時期を遅らせることになる。

(7)　舗装の性能指標

　舗装の性能を示し,かつ定量的な測定が可能な指標であることが要件である。疲労破壊輪数のような舗装構造の性能,塑性変形輪数,平たん性,浸透水量のような舗装表層(路面)の性能の両方を含む。

第2章 設　計

2—1　舗装の設計期間

> 　舗装の設計期間は，当該舗装の施工及び管理にかかる費用，施工時の道路の交通及び地域への影響，路上工事等の計画等を総合的に勘案して，道路管理者が定めるものとする。

　本来，舗装の設計期間は一律でなく，交通，沿道の状況で変えるべきものである。また，占用工事計画等がある場合には，設計期間はこれを超えることは合理的でない。従来，舗装の設計期間としては，アスファルト・コンクリート舗装には10年，セメント・コンクリート舗装には20年が適用されてきたが，設計期間を一律に規定することなく，ライフサイクルコストの観点から最適な設計期間を設定することとした。ライフサイクルコストとしては，道路管理者費用として施工費だけでなく管理費も考慮することとし，道路利用者費用（便益）として工事期間における時間便益，走行便益等工事渋滞に関連する影響，また，沿道および地域社会の費用（便益）として工事が沿道に与える影響も考慮するべきである。
　路面が存在し，その路面の性能を保持する必要がある限り，舗装は建設（舗装の新設あるいは打換え）され，供用され，供用限界に達した場合あるいは路面の性能を高める必要がある場合には再び建設（舗装の打換え）されることになる。このように繰り返される舗装の建設から次の建設までの一連の流れを舗装のライフサイクルという。舗装のライフサイクルに対応して，道路管理者は調査，計画，設計，施工，管理，調査，計画，…という一連の行動をとることになる。
　舗装のライフサイクルにおける舗装に係る費用を舗装のライフサイクルコストといい，その主なものは，道路管理者費用，道路利用者費用（便益）並びに沿道および地域社会の費用（便益）の3つである。舗装のライフサイクルとライフサイクルコストの概念を**図2—1**に示す。

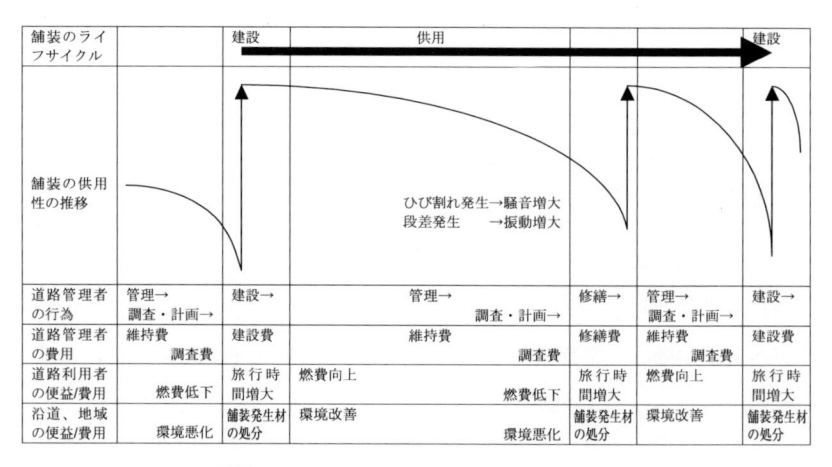

舗装のライフサイクル	建設	供用		建設
舗装の供用性の推移		ひび割れ発生→騒音増大 段差発生 →振動増大		
道路管理者の行為	管理→ 調査・計画→	建設→	管理→ 調査・計画→	修繕→	管理→ 調査・計画→	建設→
道路管理者の費用	維持費 調査費	建設費	維持費 調査費	修繕費	維持費 調査費	建設費
道路利用者の便益/費用	燃費低下	旅行時間増大	燃費向上 燃費低下	旅行時間増大	燃費向上	旅行時間増大
沿道、地域の便益/費用	環境悪化	舗装発生材の処分	環境改善 環境悪化		舗装発生材の処分 環境改善	舗装発生材の処分

図2—1 舗装のライフサイクルとライフサイクルコストの概念

このように，ライフサイクルコストには，道路管理者費用のように直接金額が算定できるものと，道路利用者費用や沿道および地域社会の費用のように直接には金額が算定できない，また当事者に便益享受の意識がないものがある。しかし後者は，舗装の性能の評価，舗装整備の効果の評価のために重要な指標であり，舗装の設計期間の選定にあたっては，十分検討すべきものである。

道路工事による交通への影響の緩和，舗装発生材の量の抑制等の観点から，舗装工事の量の縮減すなわち舗装の設計期間の長期化が望まれている。海外においても，舗装の設計期間は概ね20年で，中には英国における40年などの例もある。わが国の実績では，20年から30年の間路盤の打換えを実施していない例も少なくなく，技術的に舗装の設計期間を20年以上とすることは可能である。特に主要な幹線道路のように舗装工事が交通に与える影響が大きい場合には，舗装の設計期間を可能な限り長期に設定すべきである。この場合，高速自動車国道で40年，一般国道で20年が具体的な目安として考えられる。これはあくまでも目安であり，これより長い舗装の設計期間をとることも短い舗装の設計期間をとることもある。

舗装の設計期間は，舗装に疲労破壊によるひび割れが生じるまでの期間である。舗装に疲労破壊によるひび割れが生じた後でも初期のうち，すなわち安全かつ円

滑な交通が確保できるうちは，舗装の供用が可能である。このように，舗装の設計期間と舗装が供用できなくなる状態となるまでの期間とは異なる。交通量が多い幹線道路等舗装工事が交通に与える影響が極めて大きい道路においては舗装の設計期間を長期に設定する一方で，将来とも交通量の大幅な増大が予想されず，舗装工事の交通への影響が大きくない地方部の路線や都市内の区画街路においては，設計期間を短く設定し，舗装の状態と交通量の動向を見ながら舗装を管理していくという方法も考えられる。後者については，例えば，設計期間5年として設計し，5年後に舗装の状態と交通量の動向を確認し，修繕あるいは建設（打換え）時期を決定するものである。交通量の伸びが計画と異なる場合には，その変化に応じて，これらの時期を見直すことになる。いずれの場合もライフサイクルコストの観点からの評価と判断が必要である。

舗装の設計期間が20年であるとは，舗装の構造全体の疲労破壊によるひび割れが発生するまでの期間が20年ということであり，表層の建設（打換え）はもっと短いサイクルで行われることもある。

2—2　舗装計画交通量

> 舗装計画交通量は，一方向2車線以下の道路においては当該道路の大型の自動車の方向別の日交通量のすべてが1車線を通過するものとして，一方向3車線以上の道路においては，各車線の大型の自動車の交通の分布状況を勘案して，大型の自動車の方向別の日交通量の70％以上が1車線を通過するものとして，当該道路管理者が算定するものとする。
>
> なお，道路の大型の自動車の方向別の日交通量は，当該道路の計画交通量，当該道路の存する地域の発展の動向，将来の自動車交通の状況等を勘案して，別途公表する算定方法を参考に，当該道路管理者が定めるものとする。

舗装計画交通量は一車線あたりの交通量であるから，方向別の交通量を一車線ごとに割り振る必要がある。建設省（現在の国土交通省）が全国の直轄国道で実施した車両重量調査のデータを分析したところ，2車線道路では大型車交通量の

75%，49 kN 換算輪数の 96.3％が 1 車線に集中している場合があったが，3 車線道路では大型車交通量，49 kN 換算輪数ともに 1 車線に 70％以上集中することはなかった（**表 2—1**）。このことから，一方向 2 車線道路における交通量の低減を行わずに，一方向 3 車線以上の多車線道路の舗装計画交通量を方向別の大型車交通量の 70％まで低減できることとした。

ここで，70％までの低減というのは，70％〜100％までの範囲内で大型の自動車の交通の分布状況を勘案して道路管理者の判断により低減率を決定するという意味である。経済的な観点からは 70％を採用することとなるが，沿道環境保全の観点から大型車の中央寄りの走行が明らかである場合には中央車線には大型の自動車の方向別の日交通量の 100％を割り当てる等，道路の交通状況を勘案した柔軟な対応が必要である。

表 2—1　多車線道路における車線別交通量比率

	2 車線道路				3 車線道路					
	大型車交通量の比率%		49 kN 換算輪数の比率%		大型車交通量の比率%			49 kN 換算輪数の比率%		
	1 車線	2 車線	1 車線	2 車線	1 車線	2 車線	3 車線	1 車線	2 車線	3 車線
平均値 $\bar{X}$	50.8	49.2	60.2	39.8	17.4	45.8	36.8	14.5	49.1	36.4
標準偏差 σ	11.3	11.3	17.9	17.9	7.74	4.3	11.5	13.5	9.5	15.6
最大値	78.0	75.8	96.3	81.6	35.8	59.1	46.0	47.1	64.7	62.1
最小値	24.2	22.0	18.4	3.7	10.0	41.0	12.9	2.6	30.9	6.5
データ数	142				32					

注：歩道側から 1，2，3 車線とする。

計画交通量とは，「道路の設計の基礎とするために，当該道路の存する地域の発展の動向，将来の自動車交通の状況等を勘案して，国土交通省令で定めるところにより，当該道路の新設又は改築に関する計画を策定する者で国土交通省令で定めるものが定める自動車の日交通量をいう。（政令第 2 条（用語の定義）第 17

号）」と定義されており，「計画交通量は，同種の設計基準を用いるべき道路の一定の区間ごとに定めるものとする。（道路構造令施行規則第1条（計画交通量）第2項）」とされている。通常，計画策定年次の20年後を計画目標年次とすることが多く，計画交通量も20年後の予測値を用いることが多い。

計画交通量が道路の計画期間内の最終年度の自動車の交通量であるのに対し，舗装計画交通量は舗装の設計期間内の平均的な大型の自動車の交通量を指すことから，舗装計画交通量を定めるにあたっては，計画交通量，自動車の重量とともに舗装の設計期間を考慮することになる。実際の設定にあたっては，道路管理者の判断によるところが大きいが，道路の新設，改築の場合のように将来交通量の予測値がある場合には，当該道路の計画交通量及び交通量の伸び率から設計期間内の自動車の交通量を予測し，重心の時点の交通量（平均的な交通量）から舗装計画交通量を算定する（図2—2(a)）。また，現道拡幅や大規模な修繕の場合のように将来交通量の予測値がない場合には現在の交通量と将来の伸び率（交通量のトレンド等から推定）等から設計期間内の自動車の交通量を予測し，重心の時点の自動車の交通量から舗装計画交通量を算定する（図2—2(b)）。

舗装が設定された設計期間を通して，疲労破壊しない確からしさを設計の信頼性という。50％の信頼性とは，疲労破壊を起こすまでの期間が設計期間を上回るものが全体の50％ということである。実際の交通量が予測された交通量を上回る場合，地象や気象の条件が想定したものより厳しい場合あるいは材料や施工が万全でない場合等には，この確率が下がることがある。設計期間内に疲労破壊しないために，設計入力の将来予測に伴うリスク等に対応する必要がある。このため，設計期間内での予期せぬ舗装の疲労破壊が与える影響が大きい道路にあっては，信頼性を高めるために，舗装計画交通量を割増す等の措置を執ることが考えられる。

参考までにAASHTO（American Association of State Highway and Transportation Officials，米国州政府道路交通運輸行政官協会）の道路舗装に関する技術基準であるAASHTO Guide for Design of Pavement Structures（1986年版）における信頼性と交通量の関係を表2—2に示す。これによれば，信頼性が50％の場合の交通量を4倍して設計することで信頼性を90％に上げることがで

き，交通量を2倍して設計することで信頼性を75%に上げることができる。実際の舗装の設計にあたっては，ネットワーク上の路線の位置付けや交通の状況等の道路の重要性に応じて，適用する信頼性を使い分けることが考えられるが，舗装計画交通量として算定されたものを割増す等の措置を執る場合には，技術的，経済的な検討が必要である。

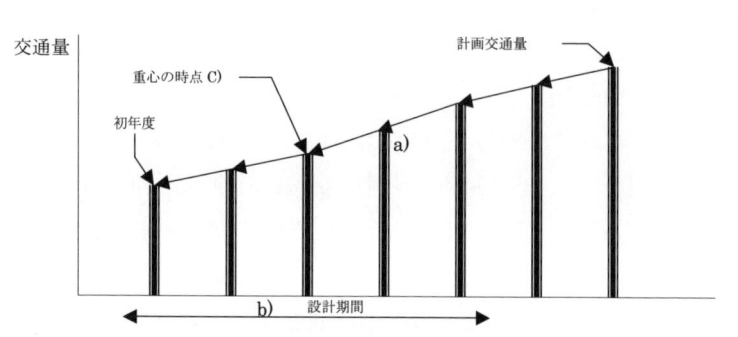

a) 計画交通量及び交通量の伸び率から，初年度以降の交通量を予測
b) 設計期間から，設計期間内の各年度の交通量を設定
c) 設計期間内の重心の時点の交通量（平均的な交通量）を算定

（a） 将来交通量の予測値がある場合

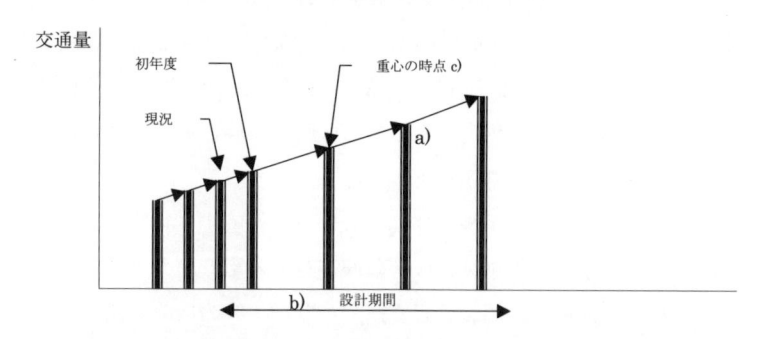

a) 現況交通量及び交通量の伸び率から，将来の交通量を予測
b) 設計期間から，設計期間内の各年度の交通量を設定
c) 設計期間内の重心の時点の交通量（平均的な交通量）を算定

（b） 将来交通量の予測値がない場合（現道拡幅や大規模な修繕等）

図2−2　設計期間内の平均的な交通量の算定

表2-2 道路の重要性に応じた信頼性

信頼性	50%	75%	90%
意味	疲労破壊を起こすまでの期間が設計期間を上回るものが全体の50%	疲労破壊を起こすまでの期間が設計期間を上回るものが全体の75%	疲労破壊を起こすまでの期間が設計期間を上回るものが全体の90%
交通量換算	1倍	2倍	4倍
疲労破壊までの期間(参考)	設計条件のとおりであれば設計期間を通して疲労破壊を生じない舗装	設計条件に若干の変動があっても設計期間を通して疲労破壊を生じない舗装および設計条件のとおりであれば設計期間を若干超過しても疲労破壊を生じない舗装	設計条件に大幅な変動があっても設計期間を通して疲労破壊を生じない舗装および設計条件のとおりであれば設計期間を大幅に超過しても疲労破壊を生じない舗装

2-3 舗装の性能指標の設定

（1） 舗装の設計前に，道路の存する地域の地質及び気象の状況，道路の交通状況，沿道の土地利用の状況等を勘案して，当該舗装の性能指標及びその値を定めるものとする。
（2） 舗装の性能指標の値は，原則として施工直後の値とする。
（3） 舗装の性能指標の値は，施工直後の値だけでは性能の確認が不十分である場合においては，必要に応じ，供用後一定期間を経た時点の値を定めることができるものとする。

（1） 舗装の設計に先立ち，舗装の設計及び施工の際の目標となる性能指標とその値を定めるものである。省令の規定，路面の機能，路面への具体的なニーズ，路面の要件を踏まえて，具体的な舗装の性能とその指標を設定する考え方の一例を図2-3に示す。

図2-3はあくまでも一例であり，これ以外の指標も含めて，道路管理者が

当該道路の存する地域の地質，気象その他の状況及び当該道路の交通の状況ならびに沿道の土地利用を勘案して，舗装ごとに定めるべきである。特に，歩行者や自転車が通行する路面の舗装については，歩き易さやバリアフリーの観点から舗装が備えるべき性能について検討することが必要である。

なお，歩行者や自転車が通行する路面は，交通主体である歩行者，自転車等の速度が小さく，移動の自由度が大きいことを考慮すると平たん性を車道及び

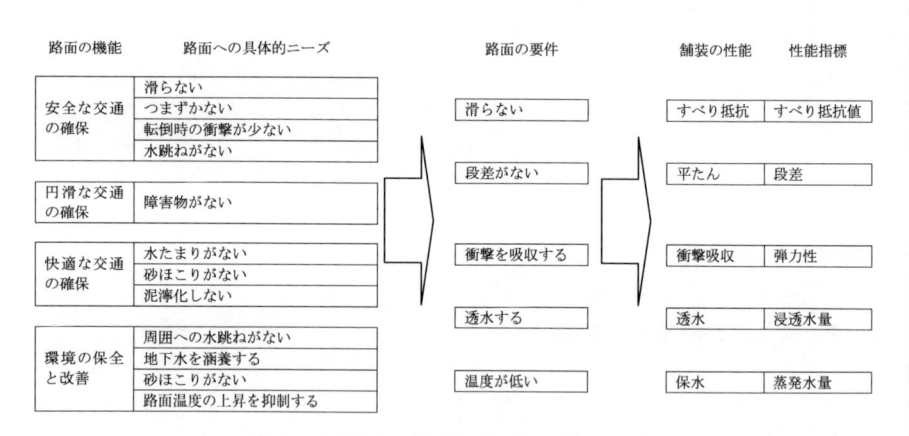

路面の機能	路面への具体的ニーズ	路面の要件	舗装の性能	性能指標
安全な交通の確保	滑らない	滑らない	すべり抵抗	すべり抵抗値
	つまずかない			
	転倒時の衝撃が少ない			
	水跳ねがない			
円滑な交通の確保	障害物がない	段差がない	平たん	段差
快適な交通の確保	水たまりがない	衝撃を吸収する	衝撃吸収	弾力性
	砂ほこりがない			
	泥濘化しない			
環境の保全と改善	周囲への水跳ねがない	透水する	透水	浸透水量
	地下水を涵養する			
	砂ほこりがない	温度が低い	保水	蒸発水量
	路面温度の上昇を抑制する			

（1） 歩行者や自転車が通行する路面の舗装

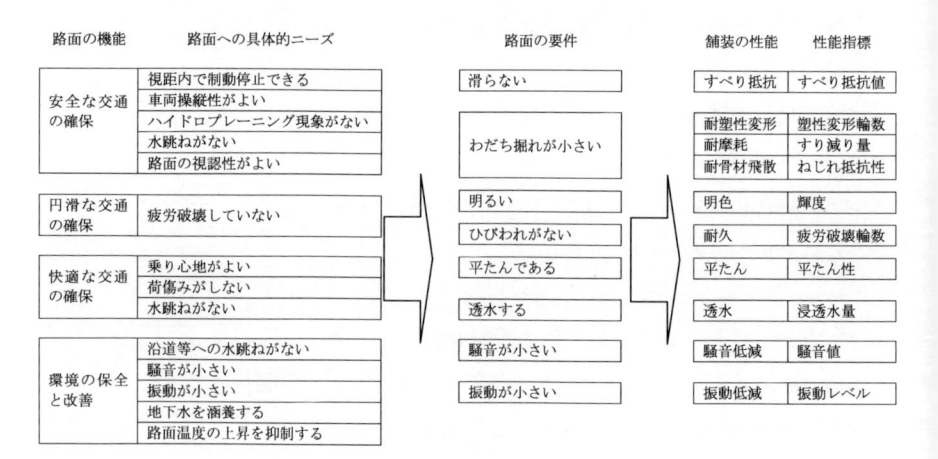

路面の機能	路面への具体的ニーズ	路面の要件	舗装の性能	性能指標
安全な交通の確保	視距内で制動停止できる	滑らない	すべり抵抗	すべり抵抗値
	車両操縦性がよい			
	ハイドロプレーニング現象がない	わだち掘れが小さい	耐塑性変形	塑性変形輪数
	水跳ねがない		耐摩耗	すり減り量
	路面の視認性がよい		耐骨材飛散	ねじれ抵抗性
円滑な交通の確保	疲労破壊していない	明るい	明色	輝度
		ひびわれがない	耐久	疲労破壊輪数
快適な交通の確保	乗り心地がよい	平たんである	平たん	平たん性
	荷傷みがしない			
	水跳ねがない	透水する	透水	浸透水量
環境の保全と改善	沿道等への水跳ねがない	騒音が小さい	騒音低減	騒音値
	騒音が小さい			
	振動が小さい	振動が小さい	振動低減	振動レベル
	地下水を涵養する			
	路面温度の上昇を抑制する			

（2） 車道及び側帯の舗装

図2—3 舗装の性能指標の例

側帯なみに規定することも必要ない。この理由から平たん性を例示していない。そのかわり，歩行者（特に，車いす，乳母車を利用する者）や自転車の円滑な交通を確保するために，段差を例示した。

(2) 道路の幅員や曲線半径，縦断勾配等の線形要素が不変であるのに対し，路面性状や路面の性能等の舗装の性能は供用時間が経過するにつれ低下していく。本基準において規定している値は施工直後の値であって，維持修繕要否の判断基準等管理段階における目標値ではない。

(3) 舗装は求められる性能をその供用の期間を通して有するものでなければならない。舗装が施工直後のみ良好な性能を示しても，急激に性能が低下するようなものであっては実用的とはいえない。ただし，供用後の舗装の性能は，供用後の交通荷重，路面の維持行為等設計段階で確定できない諸条件の影響を受けるため，これらの影響を受けない施工直後の値を(2)においては規定している。

これに対し，施工直後の性能の持続性を確保し，将来の持続性を予測する目的で供用後一定期間を経た時点での値を定めることができるとしたものである（図2—4）。なお，舗装の管理段階の性能の重要性に鑑み，供用後の交通荷重，路面の維持行為等の諸条件と供用後の舗装の性能との関係に関するデータを蓄積することで，性能指標の値を規定する時点を見直していく必要がある。

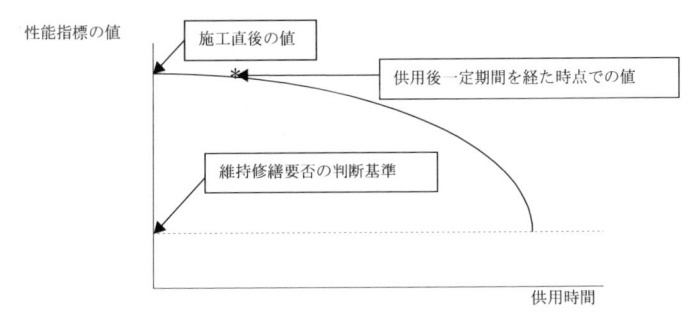

図2—4 舗装の性能指標の値

2―4　舗装の性能指標

---

1. 車道及び側帯の舗装の必須の性能指標
　　車道及び側帯の舗装の必須の性能指標は，疲労破壊輪数，塑性変形輪数及び平たん性とする。
2. 雨水を道路の路面下に円滑に浸透させることができる構造の舗装の性能指標
　　車道及び側帯の舗装の性能指標は，雨水を道路の路面下に円滑に浸透させることができる構造とする場合においては，1.に浸透水量を追加するものとする。
3. 必要に応じ定める舗装の性能指標
　　1.又は2.に定める舗装の性能指標のほか，必要に応じ，すべり抵抗，耐骨材飛散，耐摩耗，騒音の発生の減少等の観点から舗装の性能指標を追加するものとする。

---

1. 車道及び側帯の舗装の必須の性能指標
　　疲労破壊輪数は舗装構造全体の性能，塑性変形輪数は表層の性能，平たん性は路面の性能を表す指標である。車道及び側帯は，自動車の車輪が走行するところ，すなわち自動車の輪荷重が繰り返し載荷されるところである。このため輪荷重の繰り返し載荷に関係する疲労破壊輪数と塑性変形輪数ならびに車両の走行性に関係する平たん性を規定した。
　　このように，備えるべき性能は道路の部位により異なることから，車道及び側帯の備えるべき性能として規定された性能を路肩全体やバス停等に安易に適用することは避けなくてはならない。
2. 雨水を道路の路面下に円滑に浸透させることができる構造の舗装の性能指標
　　1―2(3)において，車道及び側帯の舗装は，必要に応じ，雨水を道路の路面下に円滑に浸透させることができる構造とすることが規定された。当該構造の性能指標として浸透水量を規定したものである。

3. 必要に応じ定める舗装の性能指標

　　1.に規定されている3つの指標は車道及び側帯における必須の性能指標であり，2.は雨水を道路の路面下に円滑に浸透させることができる構造とする場合に定める性能指標である。これ以外にも，例えば，積雪寒冷地域におけるタイヤチェーンに対する耐摩耗性能，交差点等における耐骨材飛散性能等は道路管理者が必要に応じその指標を設定することになる，その適用場所が限られることから，基準で規定することなく例示にとどめた。

　　車道と歩道の区分がなく交通主体が混在している道路に配慮して，歩道がなく歩行者が路肩を通行する場合には，路肩には歩道の舗装が備えるべき性能指標を適用することを検討すべきである。

2−5　舗装の性能指標の基準値

1．車道及び側帯の舗装の必須の性能指標

(1)　疲労破壊輪数

1)　車道及び側帯の舗装の施工直後の疲労破壊輪数は，舗装計画交通量に応じ，次の表の右欄に掲げる値以上とするものとする。

舗装計画交通量 （単位　1日につき台）	疲労破壊輪数 （単位　10年につき回）
3,000 以上	35,000,000
1,000 以上 3,000 未満	7,000,000
250 以上 1,000 未満	1,000,000
100 以上　250 未満	150,000
100 未満	30,000

2)　1)の疲労破壊輪数は，舗装の設計期間が10年以外である場合において

は，1)の表の右欄に掲げる値に，当該設計期間の 10 年に対する割合を乗じた値以上とするものとする。
3) 1)の疲労破壊輪数は，橋，高架の道路，トンネルその他これらに類する構造の道路における舗装等舗装以外の構造と一体となって耐荷力を有する場合及び舗装の修繕の場合においては，1)の基準によらないことができる。
4) 1)の疲労破壊輪数は，舗装の設計期間における交通量及びその輪荷重が設定され，又は正確に予測することができる道路においては，1)の基準によらず，その交通量及び輪荷重に基づく載荷輪数以上とするものとする。

1) 省令第 3 条の規定である。基準値の設定にあたり，建設省（現在の国土交通省）が全国 81 箇所の直轄国道で実施した車両重量調査のデータ（平成 6 年から 12 年，データ数 389）を用いた。舗装計画交通量の区分には，舗装設計の分野で従来用いられている設計交通量の区分（**表 2—3**）を用いた。

表 2—3　従来用いられている大型車の方向別の交通量の区分

設計交通量の区分	大型車交通量（台/日・方向）の範囲
D 交通	3,000 以上
C 交通	1,000 以上 3,000 未満
B 交通	250 以上 1,000 未満
A 交通	100 以上　250 未満
L 交通	100 未満

　大型車交通量と 49 kN 換算輪数には**図 2—5** の実線のような関係があり，各交通区分の上限交通量において平均的な輪数（実線と各交通量の交点）を各交通量の代表的輪数とした。大型車交通量が 3,000 台以上の区分については，上限交通量を 10,000 台とすればほとんどの道路がカバーされる（平成 11 年道路センサスより，10,000 台以上となる道路延長は 0.9％）ため，10,000 台に対応する値をもとに設定した。結果的に，各交通区分の上限交

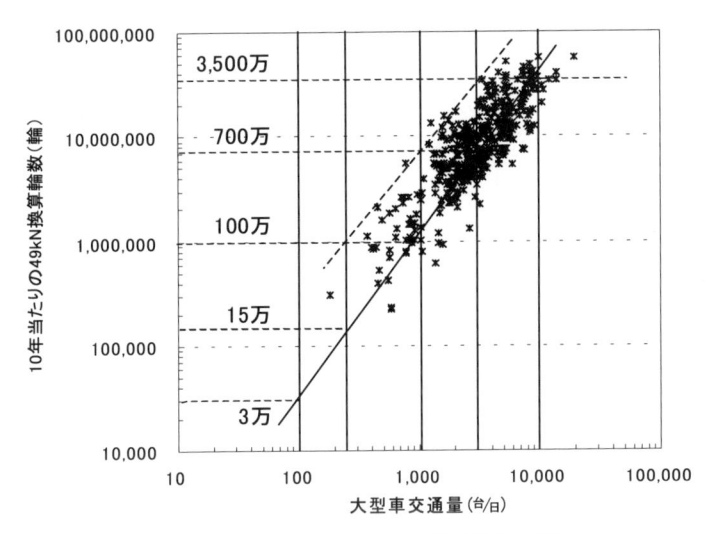

図2−5 大型車交通量と49 kN換算輪数の関係

通量における平均的な輪数は，下限交通量における最大輪数（点線と各交通量の交点）にほぼ一致した。

実測された輪荷重から49 kN換算輪荷重を算出するには4乗則を用いている。4乗則とは，「交通荷重が舗装に与えるダメージは輪荷重と標準荷重の比の4乗に比例して指数関数的に増加する」というものであり，アスファルト・コンクリート舗装の実績から得られたものである。

2) 1)の表の値は，舗装の設計期間が10年の場合の値である。例えば，舗装の設計期間が20年の場合には，20年の10年に対する割合，すなわち2を表の値に乗じる。

3) 政令第23条第2項では，自動車の交通量が少ない場合その他の特別の理由がある場合においては，省令で定める基準に適合しない場合があることを予定している。

橋梁における舗装，すなわち橋梁床版上に施工される橋面舗装のように，別途交通荷重を勘案して疲労破壊しないことを確認されている道路の構造（この場合，橋梁床版）と一体となって舗装が耐荷力を有する場合の規定で

ある。舗装以外の構造と一体となって所要の耐荷力を有することが確認されれば，舗装単独（この場合，橋面舗装のみ）での耐荷力（疲労破壊輪数）は問題とならない。

　舗装の修繕とはオーバーレイのように舗装の一部を補修するものをさし，舗装の構造すべてを打ち換えるものと区別している。道路の修繕の場合には舗装構造全体の打ち換えもあり得ることから，ここでは舗装の修繕という表現を用いた。舗装の修繕の場合，既設舗装の疲労破壊輪数が不明であるため，補修後の舗装の疲労破壊輪数を確認できないこともあることから除外規定を設けた。

4) 3)と同様に，政令第23条第2項において，省令で定める基準に適合しない場合として予定されている，自動車の交通量が少ない場合その他の特別の理由がある場合の規定である。疲労破壊輪数の基準値は，直轄国道における平均的な数値から設定したものであり，各道路管理者が交通量及びその輪荷重に対してより正確な測定データあるいは予測データを有しており，載荷輪数を別途設定できる場合にはそれによることができるとした。

(2)　塑性変形輪数

1) 車道及び側帯の舗装の表層の施工直後の塑性変形輪数は，道路の区分及び舗装計画交通量に応じ，次の表の右欄に掲げる値以上とするものとする。

区　分	舗装計画交通量 （単位　1日に つき台）	塑性変形輪数 （単位　1ミリメートル につき回）
第1種，第2種，第3種 第1級及び第2級並びに 第4種第1級	3,000 以上	3,000
	3,000 未満	1,500
その他		500

2) 1)の塑性変形輪数は，積雪寒冷地域に存する道路，近い将来に路上工事が予定されている道路その他特別の理由によりやむを得ない場合においては，1)の基準をそのまま適用することが適当でないと認められるときは，

当該基準によらないことができる。
3) アスファルト・コンクリート舗装の塑性変形輪数については，耐骨材飛散等の観点から，1)の基準の範囲内で，その値を定めることができる。

1) 路面のわだち掘れは安全かつ円滑な交通を確保する観点から好ましくなく，舗装の補修の主要な原因にもなっている。表層の塑性変形によるわだち掘れは，セメント・コンクリート舗装では問題とならず（すなわち発生せず），アスファルト・コンクリート舗装等のたわみ性舗装において問題となる。特に，路面が高温となる期間が長い地域においてこの問題は大きい。

　当該規定は，省令第4条の規定である。わだち掘れの発生しやすい舗装構造を排除するために，すなわち塑性変形を起こしやすい表層材料を排除するために，アスファルト混合物の動的安定度に基づいて，基準値を設定した。交通量が多くない道路においてはストレートアスファルトを用いた通常の密粒度アスファルト混合物（最大粒径13 mm）の動的安定度の範囲の下限域を参考にして500回/mmとした。幹線道路においてはストレートアスファルトを用いたアスファルト混合物の骨材粒度，アスファルト量等を工夫することで得られる動的安定度の範囲の上限域を参考にして1,500回/mmとした。幹線道路のうち大型車交通量が多い（舗装計画交通量3,000台/日以上）道路は改質アスファルトを用いたアスファルト混合物の動的安定度の範囲の下限域を参考にして3,000回/mmとした。なお，ここにおけるストレートアスファルトと改質アスファルトの使い分けは基準値設定のためだけのものであって，実際には舗装計画交通量が3,000台/日未満の場合であっても，必要に応じて改質アスファルトの使用を考慮する。

　実道においては，車輪走行位置が一箇所に集中せず分布しており，また常に表層温度60℃の下で連続載荷されるものでもないため，実道におけるわだち掘れの発生量と塑性変形輪数の規定を単純に比較することはできない。参考までに，アスファルト舗装の修繕に関する実態調査の結果から，当該規定を満足する表層は，5年から10年の間でわだち掘れが30 mmから40 mm程度と考えられる。

2) 政令第23条第2項では,自動車の交通量が少ない場合その他の特別の理由がある場合においては,省令で定める基準に適合しない場合があることを予定している。

　積雪寒冷地域は,その他の地域と比較して,塑性変形によるわだち掘れが発生しにくい傾向にある。わだち掘れが発生しやすい地域を想定して設定した規定を適用することが地域の実情に合わない場合には,適用を除外することができることとした。

　また,近い将来に再施工が予定されている暫定の表層,すなわち供用期間が短い表層に高品質の材料を用いることは経済性の観点から合理的でないため,このような場合には適用を除外することとした。

3) 塑性変形輪数は,わだち掘れの発生しにくさを示す指標であり,単路部でも,交差点部でも,排水性舗装区間でも,同様の路面サービスを提供する場所では同様の値となるものである。わだち掘れ抑制以外の目的で動的安定度等を高める場合に,結果として塑性変形輪数の値が高まることを認めた規定である。「1)の基準の範囲内で」という表現が1)における「次の表の右欄に掲げる値以上」と同じ意味であることは言うまでもない。

　アスファルト・コンクリート舗装の動的安定度の値として,単路部の排水性舗装で4,000回/mm,交差点部の排水性舗装で5,000回/mmと規定することがあるが,これは,わだち掘れの発生しにくさだけを保証することが目的でなく,高空隙率の下での,また右左折車からのねじれ荷重の下での骨材飛散が無いようにすることも目的である。その具体的な対応策が高粘度のバインダの使用であり,そのための動的安定度の規定となったものである。

(3) 平たん性

> 車道及び側帯の舗装路面の施工直後の平たん性は,2.4ミリメートル以下とするものとする。

省令第5条の規定である。平たん性は乗り心地に関係するものであり,アスフ

ァルト・コンクリート舗装及びセメント・コンクリート舗装の現在の水準で特に問題はない。アスファルト・コンクリート舗装，セメント・コンクリート舗装，インターロッキングブロック舗装の工事の検査基準として全国の道路管理者が採用している値を参考に2.4mmとした。

なお，セメント・コンクリート舗装については，機械施工の場合で2.0mm以下，人力施工の場合で3.0mm以下とされていたが，本基準の適用の範囲が，道路の新設，改築及び大規模な修繕であることから人力施工の値は考慮しなかった。

2．浸透水量

1) 車道及び側帯の舗装路面の施工直後の浸透水量は，道路の区分に応じ，次の表の右欄に掲げる値以上とするものとする。

区　　分	浸透水量 (単位　15秒につきミリリットル)
第1種，第2種，第3種第1級及び第2級並びに第4種第1級	1,000
その他	300

2) 1)の浸透水量は，積雪寒冷地域に存する道路，近い将来に路上工事が予定されている道路その他特別の理由によりやむを得ない場合においては，1)の基準をそのまま適用することが適当でないと認められるときは，当該基準によらないことができる。

1) 省令第6条の規定である。

本基準では，1-2(3)において，車道及び側帯の舗装は自動車の安全かつ円滑な交通を確保するため必要がある場合においては，雨水を道路の路面下に円滑に浸透させることができる構造とするものと規定している。すべての

舗装について透水性能を求めるものではなく，必要に応じ透水性能を求めるものであり，その基準値も道路の区分に応じ，1,000 ml/15 秒と 300 ml/15 秒を使い分けることとした。

　雨天時の自動車の安全な高速走行に配慮し，ハイドロプレーニング現象，水はね等の発生を抑制することを目的としている。摩耗タイヤを使用した場合 60 km/h でもハイドロプレーニング現象が発生することから，概ね設計

表 2—4　道路の設計速度（政令第 13 条）

区分		設計速度（km/h）	
第 1 種	第 1 級	120	100
	第 2 級	100	80
	第 3 級	80	60
	第 4 級	60	50
第 2 種	第 1 級	80	60
	第 2 級	60	50 又は 40
第 3 種	第 1 級	80	60
	第 2 級	60	50 又は 40
	第 3 級	60, 50 又は 40	30
	第 4 級	50, 40 又は 30	20
	第 5 級	40, 30 又は 20	
第 4 種	第 1 級	60	50 又は 40
	第 2 級	60, 50 又は 40	30
	第 3 級	50, 40 又は 30	20
	第 4 級	40, 30 又は 20	

注：地形の状況その他の特別の理由によりやむを得ない場合においては，高速自動車国道である第 1 種第 4 級の道路を除き，右欄に掲げる値とすることができる。

速度60 km/h以上の道路を対象とした。道路の区分毎の設計速度を**表2−4**に示す。

　雨水を道路の路面下に円滑に浸透させる構造の舗装としては，ポーラス・アスファルト・コンクリート舗装が一般的である。ストレートアスファルトを用いたものを想定した場合，アスファルトの接着強度から，空隙率は15％程度以上にすることは困難である。従って，空隙率15％のときの浸透水量が300〜400 ml/15秒程度となることから，300 ml/15秒を浸透水量の基本とした。設計速度が大きい道路等安全な交通を確保するために特に透水性能を考慮すべき道路については，耐久性，接着力の優れた改質アスファルトを用いたポーラス・アスファルト・コンクリート舗装を想定した。耐久性等を考慮すると空隙率を20％程度まで増やすことができ，空隙率20％程度のときの浸透水量は1,000〜1,500 ml/15秒程度であることから，1,000 ml/15秒を設定した。また，実際の排水性舗装において，現場透水量の検査基準は，1,000 ml/15秒として運用されている。

2) 政令第23条第2項では，自動車の交通量が少ない場合その他の特別の理由がある場合においては，省令で定める基準に適合しない場合があることを予定している。

　舗装が透水性能を有することが必要であるが，やむを得ない理由からその性能が基準値に達しない場合の規定である。例えば，積雪寒冷地域等においては，耐久性を落とさないために，空隙率を17％までしかとれないことがある。浸透水量1,000 ml/15秒を得るためには空隙率を20％程度とすることが必要であり，空隙率が17％では800 ml/15秒程度となり基準値を満足しないが，やむを得ないこととした。

第3章 施 工

3-1 施工方法

> 舗装の施工に当たっては，環境への影響の少ない施工方法，工期が短い等道路の交通への影響の少ない施工方法等を積極的に採用し，広域的な環境の保全，道路利用者及び地域への影響の緩和に努めるものとする。

　省資源の観点から，舗装工事からの発生材を可能な限り舗装の構築において再利用することと合わせ，舗装工事以外からの発生材および他産業の副産物の舗装への適用可能性を舗装の計画，設計の段階から検討する必要がある。ただし，これらの材料が将来の修繕時，解体時に再度発生材となることを考慮し，そのリサイクルについて十分検討した上で採用する。

　省エネルギーの観点から，また二酸化炭素排出を抑制するためにアスファルト混合物の加熱温度を下げるあるいは全く加熱しない等の技術あるいは工事中の騒音，振動，粉塵等環境に与える影響が小さい施工方法の適用が可能な舗装工事においてはこれらの施工方法の導入に努める。

　道路の性格等を考慮し，許容される工事の実施期間に適した施工法を採用することは当然であるが，占用物件工事の復旧の迅速さ等交通に与える影響の小さい工法を適用できる舗装を検討する。検討にあたっては工事による交通渋滞による社会的損失を経済的に評価し，工事費の増加分と渋滞緩和効果を比較するなど総合的に判断する。

3-2 舗装の施工

> （1）舗装の施工に当たっては，交通の安全及び他の構造物への影響に留意し，安全かつ確実に行うものとする。

（２）　舗装の施工に先立ち，原地盤，橋梁床版，舗装の下層等（以下「舗装の施工の基盤」という。）の状態を確認し，必要に応じ，舗装の施工の基盤の改良，舗装の設計の見直し等必要な措置を講じるものとする。
　（３）　積雪寒冷地域における路床土の凍結融解の影響の緩和，道路の地下に設けられた管路等への交通荷重の影響の緩和，舗装の設計及び施工の効率向上等の観点から合理的であると認められる場合においては，積極的に原地盤等の改良を行うものとする。
　（４）　舗装の性能を向上させるための予防的工法については，施工及び管理にかかる費用等を総合的に勘案して有効であると認められる場合においては，積極的に採用するものとする。

（１）　舗装の構造がその備えるべき性能を有するためには，正しく設計されたものが，設計されたとおりに正しく施工される必要がある。また，施工の段階での外部への影響を最小限にとどめる配慮も必要である。同様に，マンホール等占用物件の施工も舗装路面や舗装構造に影響を与えないよう確実に行うことを指導する必要がある。

（２）　設計において要求された性能を確保するために，施工の基盤が舗装の形状，品質等を担保できるかを確認し，舗装の施工に先立ち整備しておかなければならない。ここでいう舗装の施工の基盤とは，舗装のすべての層の施工にあたって前提となるもので，原地盤等の自然条件やその層に先行する層をさす。したがって，路盤を施工する場合は路床を，基層を施工する場合は路盤を，橋面舗装の下層を施工する場合は床版等を，それぞれの舗装の施工の基盤と称している。

　　土工区間においては，地盤反力，盛土区間の圧密沈下，坪堀り施工による湧水・雨水の貯留，岩盤等による舗装厚への影響等を確認し，性能を阻害する要因がある場合は，排除するか性能に影響を及ぼさないように舗装の設計を変更する。

　　橋面舗装に対しては床版面における舗装総厚の制限や鋼床版のたわみ，平たん性（ボルトヘッド等）等様々な前提条件下で通常の盛土部の舗装と同様の路

面の性能を実現することが求められる。一方，橋梁床版の設計および施工に当たっては，舗装を施工する基盤という観点から床版面の勾配や平たん性などに留意することにより，より良好な舗装および路面の提供が可能となる。例えば，橋面舗装として排水性舗装を採用する場合には，舗装内部への水の浸透を許容するため床版の排水対策が通常と異なり，排水性舗装に対応できる床版排水についてあらかじめ検討しておくことが合理的である。

（3） 従来，路床構築と呼んでいたものである。舗装の施工にあたり，原地盤が軟弱である（例えば，設計CBRが3未満）場合，原地盤の排水や凍結融解に対する対応策をとる必要がある場合，舗装の仕上がり高さが制限される場合，あるいは原地盤を改良した方が経済的な場合等に原地盤を改良してきた。これらを含め，舗装の設計，施工の効率向上の観点から合理的であれば積極的に原地盤の改良を行うこととした。

（4） 予防的維持あるいは予防的補修といわれているPreventive Maintenanceのことである。舗装のストックが増大した今日，修繕が必要となる舗装の量が膨大となることに加えて，修繕工事に伴う道路の交通渋滞をはじめとする環境問題も深刻である。膨大な道路のストックを限られた予算や人員で効率的に維持管理していくには，舗装の性能が低下する初期段階での維持および修繕により，性能低下の速度を遅らせ，本格的な打換え工事などの時期をなるべく遅らせることが現実的な選択肢となる。舗装の広い意味での耐久性を向上させることから，また，単なる現状維持でなく若干の構造強化を含む場合もあることから，舗装の性能を向上させるための予防的工法という表現を用いた。

3-3 周辺施設の施工

> 排水施設，消融雪施設等舗装の施工及び管理に影響を及ぼす施設は，舗装の構造の保全及び安全かつ円滑な交通の確保の観点から必要な条件を明確にした上で，舗装と同時に施工するよう努めるものとする。

舗装を構築する際には，路面排水や地下排水のための施設を設ける。わが国は，

降雨量が多く，自動車の走行の安全上の理由，道路の構造の保全上の理由等から道路における排水を適切に行うことが重要である。また，歩道などの整備にあたっては，歩行者および自転車の快適な通行を考慮して，水はねの防止のための透水性舗装の実施など必要な措置を講ずるように努めると同時に，歩道など降雨時に滞水の恐れがある箇所では，雨水ますを追加するなど排水に十分配慮することが重要である。積雪寒冷地域においては，消雪用水および融雪水の排水不良は舗装の破損の原因ともなるため，流末処理には十分な配慮を行うこととする。このように，排水施設は，路面の性能の保持，舗装の構造の保全に不可欠であり，その設置位置，構造などが舗装の管理上の制約条件とならぬよう，舗装と同時に設計することが望ましい。

のり面は，切土区間においても盛土区間においても，路面の最終の高さを決定する重要な要素であり，従って舗装の制約条件となる。最適な舗装の設計のためだけではなく，道路全体の設計の効率化のためにも，のり面と舗装とは同時に設計することが合理的である。

消融雪施設，交通安全施設等についても，事前調整のもとに舗装と同時に設計・施工することが効率的である。

道路占用埋設物件も舗装の施工及び管理に影響を及ぼす施設である。道路管理者と占用事業者との間で，道路工事に係る情報と占用工事に係る情報を共有し，手戻りのない合理的な工事計画を策定する必要がある。

3—4　施工の記録

（1）舗装の管理を適切に行うため，舗装の種別，施工年月，構造その他必要な事項を台帳等に記録しておくものとする。

（2）優れた施工技術を蓄積するため，新材料を使用した場合又は施工方法に新技術を活用した場合においては，施工管理等に関する調査を行い，その結果を記録しておくものとする。

（1）舗装の耐久性を検討するために，また舗装の補修工法を選定するために，

特に材料のリサイクルの可能性を検討するために、舗装の種別、構造等について記録しておくことが計画的維持管理につながる。

参考までに、直轄国道の舗装管理支援システムに入力されているデータを表3—1に示す。

表3—1　直轄国道の舗装管理支援システムに入力されているデータ

区分	データ
舗装設計データ	大型車交通量による道路の区分 設計CBR 舗装設計法
舗装工事データ	施工面積 工事種別 補修理由 要求機能 施工年月 新設・補修・在来区分 施工方法 特殊工法 路面種別 切削（掘削）深さ 打換率 舗装構成 T_A 実測CBR 路床改良の有無 路床構築の有無 施工業者名 プラント名

（2）施工効率の向上、コスト縮減等を目的として新技術を採用した場合に、その結果を記録、蓄積し、関係者の共有の知識とすることを目指したものである。試験施工も含め、いくつもの施工を通して、新技術の効果が確認され、効率が

向上されることになる。

参考までに,国土交通省の新技術情報提供システムに入力されている項目を表3—2に示す。

表3—2 国土交通省の新技術情報提供システムに入力されている項目

区分		項目
新技術の概要		①名称・副題 ②新技術活用評価委員会の評価の有無 ③開発目標 ④開発体制 ⑤概要・特徴 ⑥施工方法・施工単価・適用条件・留意点等 ⑦活用の効果(比較する従来技術・経済性・工程・品質・安全性・施工性・環境・その他) ⑧特許,実用新案 ⑨評価・証明 ⑩実績件数
新技術の適用性等の評価結果	評価段階Ⅰの場合:技術の成立性の確認	①ニーズとの適合 ②技術の成立性(機能性,確実性,強度・性能,稼働安定性,構造安定性,物性,耐久性,危険性)
	評価段階Ⅱの場合:実地条件下での適用性の確認	①品質と出来形に与える影響 ②実地条件下での適用性(自然条件,現場条件,品質,出来形) ③活用の効果(経済性,工程,品質,出来形,安全性,施工性,環境)
	評価段階Ⅲの場合:一般工事での活用の適否の確認	①施工管理法(施工基準)整備の必要性 ②標準歩掛かり整備の必要性

第4章　性能の確認

4—1　舗装の性能指標の確認

> (1)　舗装の施工直後に，舗装の性能指標の値について確認するものとする。
> (2)　舗装の性能指標の値について，供用後一定期間を経た時点の値を定めた場合においては，その時点で確認するものとする。

(1)　設計前に定めた舗装の備えるべき性能指標の値を施工後に確認するものである。工事完了後の供用の前の段階をさしている。

(2)　供用後一定期間を経た時点の性能指標の値は，供用後一定期間の交通条件（例えば，計画していた交通荷重を大幅に超過してないか），気象条件（例えば，記録的な猛暑でなかったか）に左右される。また，土砂等の落下物への対応が遅れた等の道路管理者の責任である要因も関係してくる。供用後一定期間を経た時点の性能指標の値を測定し，舗装の設計前に定めた値と比較して評価するには，その測定の前提条件と方法を明確にする必要がある。

4—2　舗装の性能指標の測定方法

1．車道及び側帯の舗装の必須の性能指標

(1)　疲労破壊輪数

> 1)　車道及び側帯の舗装の疲労破壊輪数は，任意の車道（2以上の車線を有する道路にあっては，各車線。）の中央から1メートル離れた任意の舗装の部分の路面に対し，促進載荷装置を用いた繰り返し載荷試験によって確認できるものとする。
> 2)　1)の疲労破壊輪数は，当該舗装道の区間の舗装と舗装構成が同一である舗装の供試体による繰り返し載荷試験によって確認できるものとする。

> 3) 当該舗装道の区間と舗装構成が同一である他の舗装道の区間の舗装の疲労破壊輪数が過去の実績からみて確認されている場合においては，当該舗装の疲労破壊輪数をその値とするものとする。
> 4) 別表1に掲げるアスファルト・コンクリート舗装は，任意の舗装の設計期間に対して，2—5 1.(1)1)の基準に適合するものとみなす。
> 5) 別表2に掲げるセメント・コンクリート舗装は，当該舗装の設計期間を20年として，2—5 1.(1)1)の基準に適合するものとみなす。

1) セメント・コンクリート版のように版として交通荷重を支持している舗装は載荷位置により発生する応力が異なり，これが疲労破壊の時期に影響することから，載荷位置として車輪走行位置（わだち部）を定めた。疲労破壊輪数は舗装構成が同一である区間ごとに定めるものである。複数の車線があり，すべての車線の舗装構成が同一である場合には任意の車線における測定でよい。

　疲労破壊によるひび割れが舗装に生じたかどうかの判断は，舗装技術に関する専門知識に基づき，道路管理者が行うものとする。

　なお，当該規定は，測定方法の本質を述べたものであり，現地における促進載荷装置を用いた繰り返し載荷試験は一般的に実施されていない。続く2)以降の規定に基づく測定方法が現実的である。

2) 供試体による繰り返し載荷試験は，供試体の舗装構成（舗装を構成する層の数並びに各層の厚さ及び材質）が実際の舗装と同一であるだけでなく，路床の支持力等外的条件も一致させて行う必要がある。促進載荷装置を用いた室内試験，独立行政法人土木研究所の舗装走行実験場における荷重車による促進載荷試験等をさす。独立行政法人土木研究所の舗装走行実験場の全景を**写真4—1**に示す。

　セメント・コンクリート版のように版として交通荷重を支持している舗装の供試体を用いた促進載荷試験を行う場合には，その供試体は現地の舗装と同じ幅を有するものとし，載荷位置も車線の中心線から1m離れた地点に相当する箇所とする。

写真 4-1 独立行政法人土木研究所の舗装走行実験場

3) 舗装構成が同一であればその疲労破壊輪数も同じとなることから，疲労破壊輪数が確認されている舗装と同一の舗装構成の舗装を施工するのであれば，あらためて疲労破壊輪数を確認する必要はない。疲労破壊輪数を確認するための舗装の実績には外国の道路における実績も含むものとする。ただし，この場合も，交通条件等の比較，検証を行うことは言うまでもない。
4) 舗装構成を決定するための設計方法は，経験に基づく設計方法，理論的設計方法等自由であるが，いずれの場合も所要の疲労破壊輪数を有することを1)，2)あるいは3)の方法で確認する必要がある。

3)の規定を受け，舗装の疲労破壊輪数が過去の実績からみて確認されているものとして，アスファルト・コンクリート舗装の設計に従来用いられている等値換算厚による方法（T_A法）により設計されたアスファルト・コンクリート舗装を別表1に示した。当該規定は，簡便法として，少なくとも基準に適合しているという舗装の断面，設計方法を示しただけであり，設計方法をこれに限定するものではない。
5) 4)と同じく，3)の規定を受け，舗装の疲労破壊輪数が過去の実績からみて確認されているものとして，セメント・コンクリート舗装の設計に従来用いられている土木研究所式により設計されたセメント・コンクリート舗装を別表2に示した。当該規定は，簡便法として，少なくとも基準に適合している

という舗装の断面，設計方法を示しただけであり，設計方法をこれに限定するものではない。

（2） 塑性変形輪数

> 1） 車道及び側帯の舗装の表層の塑性変形輪数は，現地における促進載荷装置を用いた繰り返し載荷試験によって確認できるものとする。
> 2） 1)の塑性変形輪数は，当該舗装道の区間の舗装と表層の厚さ及び材質が同一である舗装の供試体による，試験温度60度とした繰り返し載荷試験によって確認できるものとする。
> 3） 1)の塑性変形輪数は，試験温度60度としたホイールトラッキング試験によって確認できるものとする。
> 4） 当該舗装道の区間の舗装と表層の厚さ及び材質が同一である他の舗装道の区間の舗装の表層の塑性変形輪数が過去の実績からみて確認されている場合においては，当該表層の塑性変形輪数をその値とするものとする。
> 5） 表層に用いられるセメント・コンクリートは，2—5 1.(2)1)の基準に適合するものとみなす。

1） 塑性変形輪数は表層の厚さ及び材質が同一である区間ごとに定めるものである。複数の車線があり，その表層の厚さ及び材質が同一である場合には任意の車線における測定でよい。いずれの場合にも，表層の温度は60℃とする必要がある。

　なお，当該規定は，測定方法の本質を述べたものであり，現地における促進載荷装置を用いた繰り返し載荷試験は一般的に実施されていない。続く2)以降の規定に基づく測定方法が現実的である。

2） 供試体による繰り返し載荷試験とは，促進載荷装置を用いた室内試験，独立行政法人土木研究所の舗装走行実験場における荷重車による促進載荷試験等をさす。なお，促進載荷試験の実施に当たっては，表層の温度を60℃とする。室内における促進載荷装置の例を**写真4—2**に示す。

写真 4—2 室内における促進載荷装置の例

　省令第 4 条第 2 項「当該舗装道の区間の舗装と表層の厚さ及び材質が同一である舗装の供試体」とは表層の構造が同一であるものをさし，基層および路盤の構造が同一であることは求めていない。

3) アスファルト混合物の動的安定度を測定する方法として一般的に用いられているホイールトラッキング試験を例示した。

　塑性変形輪数の室内での測定は，舗装の表層と同じ性状の混合物の供試体を作製し，タイヤで繰り返し載荷して塑性変形を発生させて行う。供試体は一辺 30 cm，厚さ 5 cm で作製し，**図 4—1** の位置に設置する。試験温度を 60℃として，供試体の上をソリッドタイヤで 42±1（回/分）の速度で往復運動させ，変形量を測定する。

　塑性変形輪数は，45 分後の変形量 d_{45} と 60 分後の変形量 d_{60} から以下の式で計算される。

$$\text{塑性変形輪数（回/mm）} = 42\text{（回/分）} \times \frac{15\text{（分）}}{d_{60} - d_{45}\text{（mm）}}$$

4) 表層の厚さ及び材質が同一であれば，同一の塑性変形輪数を有することから，塑性変形輪数が確認されている表層と厚さ及び材質が同一の表層を施工するのであれば，あらためて塑性変形輪数を確認する必要はない。

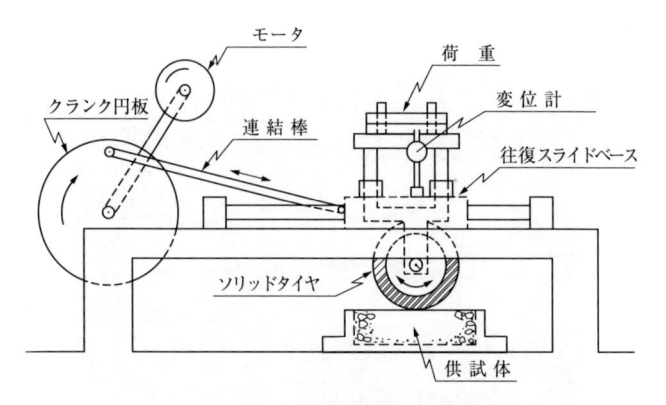

図4—1 塑性変形輪数の測定

5) 4)の規定を受けて，表層の塑性変形輪数が過去の実績から見て確認されたものとしてセメント・コンクリートを示した。

　塑性変形輪数に係る規定は，塑性変形によるわだち掘れのできやすい材料を排除することが目的である。セメント・コンクリートは塑性変形によるわだち掘れが発生しないものであることを認めたものである。

（3） 平たん性

　車道及び側帯の舗装路面の平たん性は，3メートルプロフィルメータによる平たん性測定方法又はこれと同等の平たん性を算定できる測定方法によって確認できるものとする。

　現在一般的に行われている平たん性の測定方法である3メートルプロフィルメータによる平たん性測定方法を示した。3メートルプロフィルメータによる平たん性測定方法では，**図4—2**に示すような3mの測定器を車線に沿って移動させ，中央に設置した記録計に路面の縦断方向の波形を1.5m毎に記録する。記録された波形に任意の基準線を設け，波形と基準線との差の標準偏差を路面の平たん性とする。

— 76 —

中心に固定された記録計

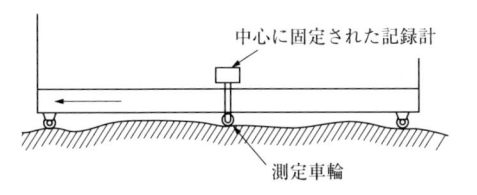

測定車輪

図4－2　3メートルプロフィルメータ

　3メートルプロフィルメータによる平たん性測定方法と同等の平たん性を算定できる測定方法とは，例えば路面性状測定車による測定方法である。路面性状測定車による測定方法では，図4－3のように車体の下に設置した3つの変位計（X_1，X_2，X_3）を用いて1.5m毎に測定を行い，以下の式により変位量を計算する。

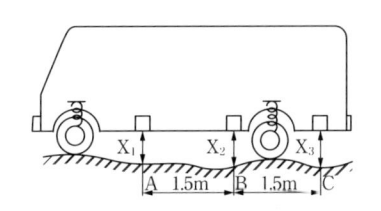

図4－3　路面性状測定車

$$変位量 = X_2 - (X_1 + X_3)/2$$

この変位量を3メートルプロフィルメータのときと同じように標準偏差をとることにより，平たん性を計算する。

2．浸透水量

　車道及び側帯の舗装路面の浸透水量は，1,000平方メートルにつき1箇所以上の割合で任意に選定した直径15センチメートルの円形の舗装路面に対し，路面から高さ60センチメートルまで満たした水を400ミリリットル注入させた場合の時間から算定する方法によって確認できるものとする。

浸透水量は，その定義にあるように，舗装の表層の厚さ及び材質が同一である区間ごとに定められるものであり，複数の地点の平均をとるために，その割合を定めたものである。

平成13年時点で現場透水量の試験に実際に用いられている方法は，直径15 cmの舗装路面へ，水頭差60 cmから，水を400 ml注入させた場合の時間から算出する方法である。この方法は，水頭差を60 cmから徐々に下げていく変水位方式である。

測定にあたっては，舗装路面上に図4—4の機器を設置し，円筒部分に水を入れる。コックを開放して地上60 cmから400 ml透過する時間を測定する。これ

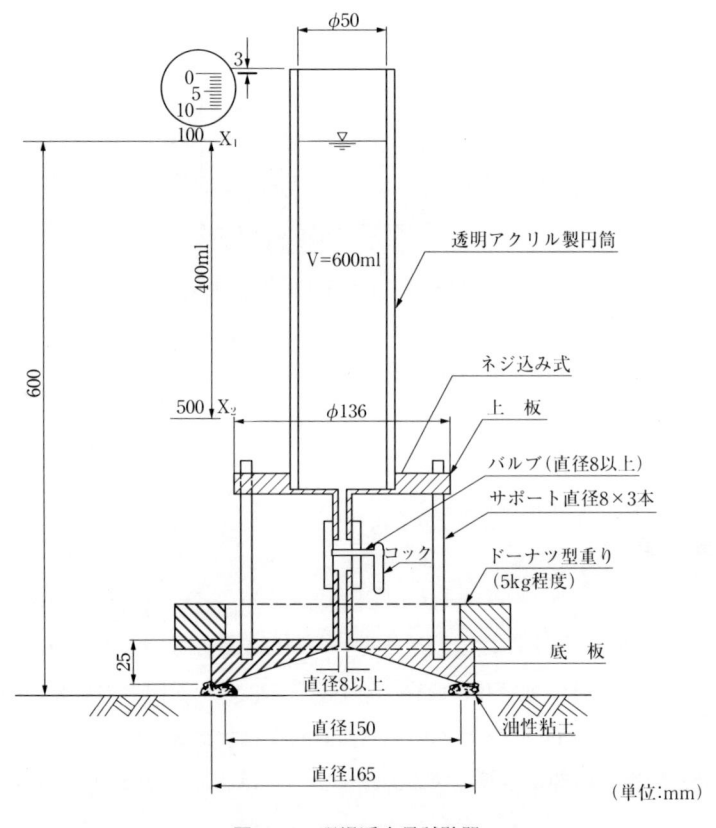

図4—4 現場透水量試験器

を以下の式により計算して浸透水量とする。

浸透水量（ml/15秒）＝400（ml）×15/透過時間（秒）

　平成13年時点で，官民の研究機関で実際に所有されている機器の諸元を確認したところ，注水面の直径は130～150 mm，水頭差は55～60 cmと統一されていなかった。諸元の最大値をもって基準値としているので，既存の機器を用いた試験により基準値を満足することが確認されれば，その舗装はこの基準に示された方法によっても基準値を満足することとなる。すなわち，直径130 mmの路面で所要の浸透水量が確認されれば，直径150 mmの路面でも所要の浸透水量を得られることが確実である。また，水頭差55 cmから所要の浸透水量が確認されれば，水頭差60 cmからでも所要の浸透水量を得られることが確実である。

4―3　新しい測定方法の認定

> 　4―2以外の測定方法により，舗装の性能指標の値について，確認できるか否かの判断は，当該道路管理者が行うものとする。なお，独立行政法人土木研究所において，舗装の性能指標の測定方法として認められる方法を公表するので，適宜参考とされたい。

　本基準では，1―3において定義された性能指標について，4―2において現在実用化されている具体的な測定方法について例示している。定義された性能指標を確認できるものであれば，本基準で例示された測定方法以外によっても性能を確認することができることとしている。

　例えば，供試体の繰り返し載荷試験の代わりに曲げ疲労試験，繰り返し間接引張試験等の通常の室内疲労試験を行う方法が考えられる。いずれの場合もその方法の妥当性は道路管理者が判断する。

　舗装の性能の測定に関する技術開発も日進月歩であり，新たな技術，測定方法に関しては，独立行政法人土木研究所が随時公表するので，これを参考にして測定方法の充実に努め，舗装の性能の測定と評価の効率向上を推進すべきである。

別表1

疲労破壊輪数の基準に適合する
アスファルト・コンクリート舗装

（1） アスファルト・コンクリート舗装の等値換算厚は，必要等値換算厚を下回ってはならない。

（2） アスファルト・コンクリート舗装の等値換算厚は，次式によるものとする。

$$T'_A = \sum_{i=1}^{n} a_i \cdot h_i$$

T'_A：等値換算厚（cm）

a_i：舗装各層に用いる材料・工法の等値換算係数。**表1—1**による。

h_i：各層の厚さ（cm）。表層と基層を加えた最小厚さは**表1—3**による。路盤各層の最小厚さは**表1—4**による。

n：層の数

表1—1　舗装各層に用いる材料・工法の等値換算係数

使用する層	材料・工法	品質規格	等値換算係数 a
表層 基層	加熱アスファルト混合物	ストレートアスファルトを使用 混合物の性状は**表1—2**による。	1.00
上層路盤	瀝青安定処理	加熱混合：安定度 3.43 kN 以上	0.80
		常温混合：安定度 2.45 kN 以上	0.55
	セメント・瀝青安定処理	一軸圧縮強さ 1.5〜2.9 MPa 一次変位量 5〜30（1/100 cm） 残留強度率 65％以上	0.65

	セメント安定処理	一軸圧縮強さ [7日] 2.9 MPa	0.55
	石灰安定処理	一軸圧縮強さ [10日] 0.98 MPa	0.45
	粒度調整砕石・粒度調整鉄鋼スラグ	修正 CBR 80 以上	0.35
	水硬性粒度調整鉄鋼スラグ	修正 CBR 80 以上 一軸圧縮強さ [14日] 1.2 MPa	0.55
下層路盤	クラッシャラン，鉄鋼スラグ，砂など	修正 CBR 30 以上	0.25
		修正 CBR 20 以上 30 未満	0.20
	セメント安定処理	一軸圧縮強さ [7日] 0.98 MPa	0.25
	石灰安定処理	一軸圧縮強さ [10日] 0.7 MPa	0.25

注：
1. 表層，基層の加熱アスファルト混合物に改質アスファルトを使用する場合には，その強度に応じた等値換算係数 a を設定する。
2. 安定度とは，マーシャル安定度試験により得られる安定度（kN）をいう。この試験は，直径 101.6 mm のモールドを用いて作製した高さ 63.5±1.3 mm の円柱形の供試体を 60±1℃の下で，円形の載荷ヘッドにより載荷速度 50±5 mm/分で載荷する。
3. 一軸圧縮強さとは，安定処理混合物の安定材の添加量を決定することを目的として実施される一軸圧縮試験により得られる強度（MPa）をいう。[ ] 内の期間は供試体の養生期間を表す。この試験は，直径 100 mm のモールドを用いて作製した高さ 127 mm の円柱形の供試体を圧縮ひずみ 1％/分の速度で載荷する。
4. 一次変位量とは，セメント・瀝青安定処理路盤材料の配合設計を目的として実施される一軸圧縮試験により得られる一軸圧縮強さ発現時における供試体の変位量（1/100 cm）をいう。この試験は，直径 101.6 mm のモールドを用いて作製した高さ 68.0±1.3 mm の円柱形の供試体を載荷速度 1 mm/分で載荷する。
5. 残留強度率とは，一軸圧縮強さ発現時からさらに供試体を圧縮し，一次変位量と同じ変位量を示した時点の強度の一軸圧縮強さに対する割合をいう。
6. 修正 CBR とは，修正 CBR 試験により得られる標準荷重強さに対する相対的な荷重強さ（％）をいう。

表1—2 マーシャル安定度試験に対する基準値

混合物の種類	突固め回数 1,000≦T	突固め回数 T<1,000	空隙率(%)	飽和度(%)	安定度(kN)	フロー値(1/100 cm)
①粗粒度アスファルト混合物（20）	75	50	3〜7	65〜85	4.90以上	20〜40
②密粒度アスファルト混合物（20）					4.90 [7.35]以上	
（13）			3〜6	70〜85		
③細粒度アスファルト混合物（13）						
④密粒度ギャップアスファルト混合物（13）			3〜7	65〜85		
⑤密粒度アスファルト混合物（20 F）		50	3〜5	75〜85	4.90以上	
（13 F）						
⑥細粒度ギャップアスファルト混合物（13 F）						
⑦細粒度アスファルト混合物（13 F）			2〜5	75〜90	3.43以上	20〜80
⑧密粒度ギャップアスファルト混合物（13 F）			3〜5	75〜85	4.90以上	20〜40
⑨開粒度アスファルト混合物（13）	75	50	—	—	3.43以上	

注：
1. T：舗装計画交通量
2. 積雪寒冷地域，1,000≦T<3,000であっても流動によるわだち掘れのおそれが少ないところにおいては，突固め回数を50回とする。
3. 安定度の欄の[　]内の値：1,000≦Tで突固め回数を75回とする場合の基準値
4. 水の影響を受けやすいと思われる混合物又はそのような箇所に舗設される混合物は，次式で求めた残留安定度が75%以上であることが望ましい。

残留安定度(%)＝（60℃，48時間水浸後の安定度/安定度）×100

表 1-3　表層と基層を加えた最小厚さ

舗装計画交通量（台/日）	表層と基層を加えた最小厚さ（cm）
T＜250	5
250≦T＜1,000	10（5）
1,000≦T＜3,000	15（10）
3,000≦T	20（15）

注：
1. 舗装計画交通量が特に少ない場合は，3cm まで低減することができる。
2. 上層路盤に瀝青安定処理工法を用いる場合は，（　）内の厚さまで低減することができる。

表 1-4　路盤各層の最小厚さ

工法・材料	一層の最小厚さ
瀝青安定処理	最大粒径の 2 倍かつ 5 cm
その他の路盤材	最大粒径の 3 倍かつ 10 cm

（3）　アスファルト・コンクリート舗装の必要等値換算厚は，次式によるものとする。

$$T_A = 3.84\, N^{0.16}/\mathrm{CBR}^{0.3}$$

　　　T_A：必要等値換算厚

　　　N：疲労破壊輪数

　　　CBR：路床の設計 CBR

注）　設計 CBR 算出時の路床の厚さは 1 m を標準とする。ただし，その下面に生じる圧縮応力が充分小さいことが確認される場合においては，この限りではない。

別表 1 の表 1-1 の材料・工法は，平成 13 年度時点で等値換算係数が明確なものだけを示している。これ以外の新たな材料・工法については，その強度に応じた等値換算係数を道路管理者が設定することで，当該設計法の適用が可能となる。

別表1の**表1—1**の注5で述べられている一軸圧縮強さ，一次変位量及び残留強度率の関係を**図4—7**に示す。残留強度率とは，一軸圧縮強さ発現時からさらに供試体を圧縮し，一次変位量と同じ変位量を示した時点の強度の一軸圧縮強さに対する割合をいう。

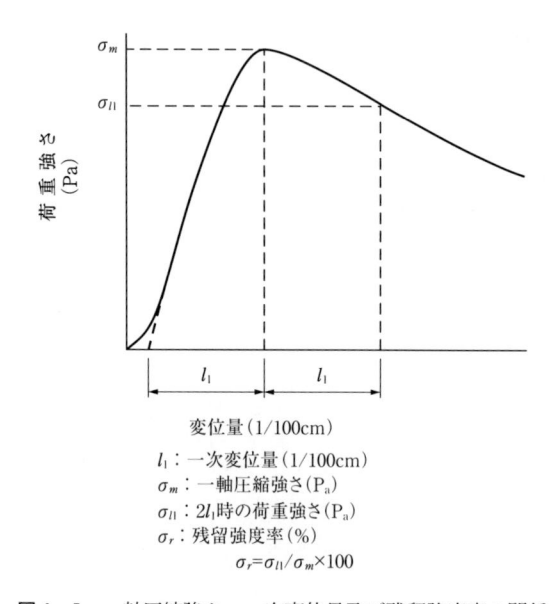

図の凡例：
- l_1：一次変位量(1/100cm)
- σ_m：一軸圧縮強さ(P_a)
- σ_{l1}：$2l_1$時の荷重強さ(P_a)
- σ_r：残留強度率(%)
- $\sigma_r = \sigma_{l1} / \sigma_m \times 100$

図4—5 一軸圧縮強さ，一次変位量及び残留強度率の関係

平成9年度に実施されたアスファルト・コンクリート舗装の修繕工事について，耐用年数に係る調査を実施した。調査項目は**表4—1**のとおりである。

路盤までの打換えが行われた時点を舗装の破壊した時点と定義し，設計交通量の区分ごとに破壊までに経過した年数（耐用年数）を整理したものが**表4—2**である。

C，D交通といった重交通路線においては，修繕工事による交通渋滞を懸念して路盤までの打換えが行われるケースが少なかったため，ここではB交通以下の場合についてデータを整理した。**表4—2**より各舗装の耐用年数は平均で20年程度であり，アスファルト・コンクリート舗装の一般的な構造設計法であるT_A法で想定している10年という設計期間を大きく上回っていた。

表4—1 アスファルト・コンクリート舗装の耐用年数に係る調査項目

対象とした舗装	平成9年度に修繕したアスファルト・コンクリート舗装
調査項目	修繕時期および前回の新設・修繕時期 設計交通量の区分 路床の設計CBR（支持力） 舗装の等値換算厚（T_A） 修繕の範囲（「表層」「表層＋基層」「上層路盤以上」「全層」） 修繕の理由（路面性状の悪化，騒音・振動等）
対象機関	建設省各地方建設局 北海道開発局 沖縄総合事務局 各都道府県 各政令指定都市

表4—2 アスファルト・コンクリート舗装の耐用年数

設計交通量の区分		L交通	A交通	B交通
データ数		18	32	43
耐用年数	平均　　　　　（年）	20.2	20.5	16.8
	標準偏差　　　（年）	7.4	7.1	7.2
	10年以上である確率（％）	91.5	93	82.6

　本調査では対象を修繕工事が実施された個所としているため，実際のアスファルト・コンクリート舗装の平均的な耐用年数は表4—2の値よりも長いと考えられる。アスファルト・コンクリート舗装の疲労破壊までに経過した年数と耐用年数との関係は明らかではないが，設計期間10年として設計されたアスファルト・コンクリート舗装の耐用年数が10年を大きく超えていることが明らかとなったので，T_A法により設計されたアスファルト・コンクリート舗装は所要の疲労破壊輪数を有すると認めたものである。

別表2

疲労破壊輪数の基準に適合する
セメント・コンクリート舗装
(舗装の設計期間:20年)

(1) セメント・コンクリート版の版厚等は，**表2―1**によるものとする。

表2―1 セメント・コンクリート版の版厚等

舗装計画交通量 (台/日)	セメント・コンクリート版の設計			収縮目地間隔	タイバー， ダウエルバー
	設計基準曲げ強度	版厚	鉄網		
T＜100	4.4 MPa (3.9 MPa)	15 cm (20 cm)	原則として 使用する。 3 kg/m²	・8 m ・鉄網を用いな い場合は5 m	原則として 使用する。
100≦T＜250		20 cm (25 cm)			
250≦T＜1,000	4.4 MPa	25 cm		10 m	
1,000≦T＜3,000		28 cm			
3,000≦T		30 cm			

注：版厚の欄の( )内の値：曲げ強度3.9 MPaのセメント・コンクリートを使用する
　　場合の値

(2) 路盤の厚さは，**表2―2**によるものとする。

表2—2 路盤の厚さ

舗装計画交通量 (台/日)	路床の設計CBR	アスファルト中間層 (cm)	粒度調整砕石 (cm)	クラッシャラン (cm)
T＜250	2	0	25 (20)	40 (30)
	3	0	20 (15)	25 (20)
	4	0	25 (15)	0
	6	0	20 (15)	0
	8	0	15 (15)	0
	12以上	0	15 (15)	0
250≦T＜1,000	2	0	35 (20)	45 (45)
	3	0	30 (20)	30 (25)
	4	0	20 (20)	25 (0)
	6	0	25 (15)	0
	8	0	20 (15)	0
	12以上	0	15 (15)	0
1,000≦T	2	4 (0)	25 (20)	45 (45)
	3	4 (0)	20 (20)	30 (25)
	4	4 (0)	10 (20)	25 (0)
	6	4 (0)	15 (15)	0
	8	4 (0)	15 (15)	0
	12以上	4 (0)	15 (15)	0

注：
1. 粒度調整砕石の欄の（　）内の値：セメント安定処理路盤の場合の厚さ
2. クラッシャランの欄の（　）内の値：上層路盤にセメント安定処理路盤を使用した場合の厚さ
3. 路床の設計CBRが2のときには，遮断層を設けるものとする。
4. 設計CBR算出時の路床の厚さは1mを標準とする。ただし，その下面に生じる圧縮応力が充分小さいことが確認される場合においては，この限りではない。

別表2の**表 2―2** で示された路盤の設計断面を**図 4―6** に示す。

舗装計画交通量	路盤 \ 路床の設計CBR	2	3	4
T<250	粒 状 材 料	15-20 コンクリート版 / 25 修正CBR≧80 / 40 修正CBR≧20 / 15〜30 しゃ断層	15-20 コンクリート版 / 20 修正CBR≧80 / 25 修正CBR≧20	15-20 コンクリート版 / 25 修正CBR≧80
T<250	セメント安定処理（粒 状 材 料）	15-20 コンクリート版 / 20 セメント安定処理 / 30 修正CBR≧20 / 15〜30 しゃ断層	15-20 コンクリート版 / 15 セメント安定処理 / 20 修正CBR≧20	15-20 コンクリート版 / 15 セメント安定処理
250≦T<1,000	粒 状 材 料	25 コンクリート版 / 35 修正CBR≧80 / 45 修正CBR≧20 / 15〜30 しゃ断層	25 コンクリート版 / 30 修正CBR≧80 / 30 修正CBR≧20	25 コンクリート版 / 20 修正CBR≧80 / 25 修正CBR≧20
250≦T<1,000	セメント安定処理（粒 状 材 料）	25 コンクリート版 / 20 セメント安定処理 / 45 修正CBR≧20 / 15〜30 しゃ断層	25 コンクリート版 / 20 セメント安定処理 / 25 修正CBR≧20	25 コンクリート版 / 20 セメント安定処理
1,000≦T	アスファルト中間層（粒 状 材 料）	4 28・30 コンクリート版 / 25 修正CBR≧80 / 45 修正CBR≧20 / 15〜30 しゃ断層 （アスファルト中間層）	4 28・30 コンクリート版 / 20 修正CBR≧80 / 30 修正CBR≧20 （アスファルト中間層）	4 28・30 コンクリート版 / 10 修正CBR≧80 / 25 修正CBR≧20 （アスファルト中間層）
1,000≦T	セメント安定処理（粒 状 材 料）	28・30 コンクリート版 / 20 セメント安定処理 / 45 修正CBR≧20 / 15〜30 しゃ断層	28・30 コンクリート版 / 20 セメント安定処理 / 25 修正CBR≧20	28・30 コンクリート版 / 20 セメント安定処理

図 4―6 セメント・コンクリート

6	8	12 以上
15·20 コンクリート版 20 修正 CBR≧80	15·20 コンクリート版 15 修正 CBR≧80	15·20 コンクリート版 15 修正 CBR≧80
15·20 コンクリート版 15 セメント安定処理	15·20 コンクリート版 15 セメント安定処理	15·20 コンクリート版 15 セメント安定処理
25 コンクリート版 25 修正 CBR≧80	25 コンクリート版 20 修正 CBR≧80	25 コンクリート版 15 修正 CBR≧80
25 コンクリート版 15 セメント安定処理	25 コンクリート版 15 セメント安定処理	25 コンクリート版 15 セメント安定処理
4 28·30 コンクリート版 15 修正 CBR≧80　アスファルト中間層	4 28·30 コンクリート版 15 修正 CBR≧80　アスファルト中間層	4 28·30 コンクリート版 15 修正 CBR≧80　アスファルト中間層
28·30 コンクリート版 15 セメント安定処理	28·30 コンクリート版 15 セメント安定処理	28·30 コンクリート版 15 セメント安定処理

舗装の設計断面（単位：cm）

平成6年度にセメントコンクリート舗装の破損実態に関するアンケート調査を実施した。調査項目は**表4―3**のとおりである。

表4―3 セメント・コンクリート舗装の破損実態に係る調査項目

対象とした舗装	補修されたセメント・コンクリート舗装
調査項目	新設年度 補修年度 セメントコンクリート版厚（設計交通量の区分に対応） その他（鉄網の使用の有無など）
対象機関	建設省各地方建設局 北海道開発局 沖縄総合事務局

新設から補修までの期間を整理した結果を**表4―4**に示す。設計交通量の区分による差はほとんど見られず、20年を超えていた。

表4―4 セメント・コンクリート舗装の新設から補修までの期間

設計交通量の区分		L, A交通	B交通	C, D交通
データ数		520	130	3
新設から補修までの期間	平均　　（年）	22.8	21.2	24.3
	標準偏差　（年）	6.0	5.6	8.6
	20年以上である確率（%）	68.1	58.3	69.2

本調査では対象を補修されたセメント・コンクリート舗装としたため、実際のセメント・コンクリート舗装の新設から補修までの期間は**表4―4**の値よりも長いと考えられる。セメント・コンクリート舗装はアスファルト・コンクリート舗装と異なり、疲労破壊によるひび割れが発生してからそれほど遅れることなく補修される。設計期間20年として設計されたセメント・コンクリート舗装の新設

から補修までの期間が 20 年を超えていることから，土木研究所式により設計されたセメント・コンクリート舗装は所要の疲労破壊輪数を有するものと認めたものである。

執　筆　者 (五十音順)	
阿　部　忠　行	稲　垣　竜　興
奥　田　秀　樹	久　保　和　幸
新　田　弘　之	橋　本　修　治
畠　中　秀　人	羽　山　高　義
柳　橋　則　夫	吉　田　　　武

舗装の構造に関する技術基準・同解説

平成13年9月25日　初版第1刷発行
令和5年7月26日　　　第17刷発行

編　集 発行所	公益社団法人　日本道路協会 東京都千代田区霞が関 3 - 3 - 1
印刷所	三 美 印 刷 株 式 会 社
発売所	丸 善 出 版 株 式 会 社 東京都千代田区神田神保町 2 - 17

ISBN978-4-88950-316-6　C2051

日本道路協会出版図書案内

図　書　名	ページ	定価(円)	発行年
交通工学			
クロソイドポケットブック（改訂版）	369	3,300	S49. 8
自転車道等の設計基準解説	73	1,320	S49.10
立体横断施設技術基準・同解説	98	2,090	S54. 1
道路照明施設設置基準・同解説（改訂版）	240	5,500	H19.10
附属物（標識・照明）点検必携 〜標識・照明施設の点検に関する参考資料〜	212	2,200	H29. 7
視線誘導標設置基準・同解説	74	2,310	S59.10
道路緑化技術基準・同解説	82	6,600	H28. 3
道路の交通容量	169	2,970	S59. 9
道路反射鏡設置指針	74	1,650	S55.12
視覚障害者誘導用ブロック設置指針・同解説	48	1,100	S60. 9
駐車場設計・施工指針同解説	289	8,470	H 4.11
道路構造令の解説と運用（改訂版）	742	9,350	R 3. 3
防護柵の設置基準・同解説（改訂版） ボラードの設置便覧	246	3,850	R 3. 3
車両用防護柵標準仕様・同解説（改訂版）	164	2,200	H16. 3
路上自転車・自動二輪車等駐車場設置指針 同解説	74	1,320	H19. 1
自転車利用環境整備のためのキーポイント	140	3,080	H25. 6
道路政策の変遷	668	2,200	H30. 3
地域ニーズに応じた道路構造基準等の取組事例集（増補改訂版）	214	3,300	H29. 3
道路標識設置基準・同解説（令和2年6月版）	413	7,150	R 2. 6
道路標識構造便覧（令和2年6月版）	389	7,150	R 2. 6
橋梁			
道路橋示方書・同解説（Ⅰ共通編）（平成29年版）	196	2,200	H29.11
〃（Ⅱ鋼橋・鋼部材編）（平成29年版）	700	6,600	H29.11
〃（Ⅲコンクリート橋・コンクリート部材編）（平成29年版）	404	4,400	H29.11
〃（Ⅳ下部構造編）（平成29年版）	572	5,500	H29.11
〃（Ⅴ耐震設計編）（平成29年版）	302	3,300	H29.11
平成29年道路橋示方書に基づく道路橋の設計計算例	564	2,200	H30. 6
道路橋支承便覧（平成30年版）	592	9,350	H31. 2
プレキャストブロック工法によるプレストレストコンクリートＴげた道路橋設計施工指針	81	2,090	H 4.10
小規模吊橋指針・同解説	161	4,620	S59. 4
道路橋耐風設計便覧（平成19年改訂版）	300	7,700	H20. 1

日本道路協会出版図書案内

図 書 名	ページ	定価(円)	発行年
鋼 道 路 橋 設 計 便 覧	652	7,700	R 2.10
鋼 道 路 橋 疲 労 設 計 便 覧	330	3,850	R 2. 9
鋼 道 路 橋 施 工 便 覧	694	8,250	R 2. 9
コ ン ク リ ー ト 道 路 橋 設 計 便 覧	496	8,800	R 2. 9
コ ン ク リ ー ト 道 路 橋 施 工 便 覧	522	8,800	R 2. 9
杭 基 礎 設 計 便 覧 （ 令 和 ２ 年 度 改 訂 版 ）	489	7,700	R 2. 9
杭 基 礎 施 工 便 覧 （ 令 和 ２ 年 度 改 訂 版 ）	348	6,600	R 2. 9
道 路 橋 の 耐 震 設 計 に 関 す る 資 料	472	2,200	H 9. 3
既 設 道 路 橋 の 耐 震 補 強 に 関 す る 参 考 資 料	199	2,200	H 9. 9
鋼 管 矢 板 基 礎 設 計 施 工 便 覧	318	6,600	H 9.12
道 路 橋 の 耐 震 設 計 に 関 す る 資 料 （PCラーメン橋・RCアーチ橋・PC斜張橋等の耐震設計計算例）	440	3,300	H10. 1
既 設 道 路 橋 基 礎 の 補 強 に 関 す る 参 考 資 料	248	3,300	H12. 2
鋼 道 路 橋 塗 装 ・ 防 食 便 覧 資 料 集	132	3,080	H22. 9
道 路 橋 床 版 防 水 便 覧	240	5,500	H19. 3
道 路 橋 補 修 ・ 補 強 事 例 集 （ ２ ０ １ ２ 年 版 ）	296	5,500	H24. 3
斜 面 上 の 深 礎 基 礎 設 計 施 工 便 覧	290	5,500	H24. 4
鋼 道 路 橋 防 食 便 覧	592	8,250	H26. 3
道 路 橋 点 検 必 携 ～ 橋 梁 点 検 に 関 す る 参 考 資 料 ～	480	2,750	H27. 4
道 路 橋 示 方 書 ・ 同 解 説 Ｖ 耐 震 設 計 編 に 関 す る 参 考 資 料	305	4,950	H27. 4
舗　　　装			
ア ス フ ァ ル ト 舗 装 工 事 共 通 仕 様 書 解 説 （ 改 訂 版 ）	216	4,180	H 4.12
ア ス フ ァ ル ト 混 合 所 便 覧 （ 平 成 ８ 年 版 ）	162	2,860	H 8.10
舗 装 の 構 造 に 関 す る 技 術 基 準 ・ 同 解 説	104	3,300	H13. 9
舗 装 再 生 便 覧 （ 平 成 ２ ２ 年 版 ）	290	5,500	H22.11
舗装性能評価法(平成25年版)―必須および主要な性能指標編―	130	3,080	H25. 4
舗 装 性 能 評 価 法 別 冊 ―必要に応じ定める性能指標の評価法編―	188	3,850	H20. 3
舗 装 設 計 施 工 指 針 （ 平 成 １ ８ 年 版 ）	345	5,500	H18. 2
舗 装 施 工 便 覧 （ 平 成 １ ８ 年 版 ）	374	5,500	H18. 2
舗 装 設 計 便 覧	316	5,500	H18. 2
透 水 性 舗 装 ガ イ ド ブ ッ ク ２ ０ ０ ７	76	1,650	H19. 3
コ ン ク リ ー ト 舗 装 に 関 す る 技 術 資 料	70	1,650	H21. 8
コ ン ク リ ー ト 舗 装 ガ イ ド ブ ッ ク ２ ０ １ ６	348	6,600	H28. 3
舗 装 の 維 持 修 繕 ガ イ ド ブ ッ ク ２ ０ １ ３	250	5,500	H25.11

日本道路協会出版図書案内

図　書　名	ページ	定価(円)	発行年
舗　装　点　検　必　携	228	2,750	H29. 4
舗装点検要領に基づく舗装マネジメント指針	166	4,400	H30. 9
舗装調査・試験法便覧（全4分冊）（平成31年版）	1,929	27,500	H31. 3
舗装の長期保証制度に関するガイドブック	100	3,300	R 3. 3
道路土工			
道路土工構造物技術基準・同解説	100	4,400	H29. 3
道路土工構造物点検必携（令和2年版）	378	3,300	R 2.12
道路土工要綱（平成21年度版）	450	7,700	H21. 6
道路土工－切土工・斜面安定工指針（平成21年度版）	570	8,250	H21. 6
道路土工－カルバート工指針（平成21年度版）	350	6,050	H22. 3
道路土工－盛土工指針（平成22年度版）	328	5,500	H22. 4
道路土工－擁壁工指針（平成24年度版）	350	5,500	H24. 7
道路土工－軟弱地盤対策工指針（平成24年度版）	400	7,150	H24. 8
道路土工－仮設構造物工指針	378	6,380	H11. 3
落　石　対　策　便　覧	414	6,600	H29.12
共　同　溝　設　計　指　針	196	3,520	S61. 3
道　路　防　雪　便　覧	383	10,670	H 2. 5
落石対策便覧に関する参考資料 －落石シミュレーション手法の調査研究資料－	448	6,380	H14. 4
トンネル			
道路トンネル観察・計測指針（平成21年改訂版）	290	6,600	H21. 2
道路トンネル維持管理便覧【本体工編】（令和2年版）	520	7,700	R 2. 8
道路トンネル維持管理便覧【付属施設編】	338	7,700	H28.11
道路トンネル安全施工技術指針	457	7,260	H 8.10
道路トンネル技術基準（換気編）・同解説（平成20年改訂版）	280	6,600	H20.10
道路トンネル技術基準（構造編）・同解説	322	6,270	H15.11
シールドトンネル設計・施工指針	426	7,700	H21. 2
道路トンネル非常用施設設置基準・同解説	140	5,500	R 1. 9
道路震災対策			
道路震災対策便覧（震前対策編）平成18年度版	388	6,380	H18. 9
道路震災対策便覧（震災復旧編）平成18年度版	410	6,380	H19. 3
道路震災対策便覧（震災危機管理編）（令和元年7月版）	326	5,500	R 1. 8
道路維持修繕			
道　路　の　維　持　管　理	104	2,750	H30. 3

日本道路協会出版図書案内

英語版

図 書 名	ページ	定価(円)	発行年
道路橋示方書（Ⅰ共通編）〔2012年版〕（英語版）	160	3,300	H27. 1
道路橋示方書（Ⅱ鋼橋編）〔2012年版〕（英語版）	436	7,700	H29. 1
道路橋示方書（Ⅲコンクリート橋編）〔2012年版〕（英語版）	340	6,600	H26.12
道路橋示方書（Ⅳ下部構造編）〔2012年版〕（英語版）	586	8,800	H29. 7
道路橋示方書（Ⅴ耐震設計編）〔2012年版〕（英語版）	378	7,700	H28.11
舗装の維持修繕ガイドブック2013（英語版）	306	7,150	H29. 4
アスファルト舗装要綱（英語版）	232	7,150	H31. 3

※消費税10%を含みます。

発行所（公社)日本道路協会　☎(03)3581-2211
発売所　丸善出版株式会社　☎(03)3512-3256
　　　　丸善雄松堂株式会社　学術情報ソリューション事業部
　　　　　　法人営業統括部　カスタマーグループ
　　　　　　TEL：03-6367-6094　FAX：03-6367-6192　Email：6gtokyo@maruzen.co.jp